水産学シリーズ

101

日本水産学会監修

魚介類の摂餌刺激物質

原田勝彦編

1994・10

恒星社厚生閣

まえがき

魚介類の摂餌刺激物質の探求は古くて新しい課題であり，世界的に多くの研究が推進されてきている．過去に「魚類の感覚とその水産への応用に関するシンポジウム」（昭和41年）と「魚類の化学感覚と摂餌促進物質」（昭和56年）が開催され，それまでの摂餌刺激物質についての知見がとりまとめられた．近年，飼餌料中の刺激物質には摂餌を活性化する物質のみならず，阻害する物質があることも明らかとなり，摂餌刺激はこれら物質による効果を総合的に捉える視点が必要となった．このような観点から，魚介類に対する最近の摂餌刺激物質についての知見をとりまとめ，今後の研究と応用面の発展を図ることを目的として，下記のシンポジウムが企画され，日本水産学会の主催で平成6年4月5日，東京水産大学において開催された．

魚介類に対する摂餌刺激物質

企画責任者　原田勝彦（水大校）・日高磐夫（三重大生物資源）・坂口守彦（京大農）

開会の挨拶		日高磐夫（三重大生物資源）
I．摂餌刺激と化学感覚	座長	原田勝彦（水大校）
1．歴史と展望		坂口守彦（京大農）
2．水産動物の嗅覚応答		山森邦夫（北里大水）
3．水産動物の味覚応答		清原貞夫（鹿大教）
4．摂餌行動と化学感覚		日高磐夫（三重大生物資源）
質疑		
II．刺激物質	座長	坂田完三（静大農）
1．タンパク質・ペプチド		金沢昭夫（鹿大農）
2．アミノ酸		滝井健二（近大水研）
3．含硫化合物		中島謙二（甲子園大栄養）
質疑		
	座長	清原貞夫（鹿大教）
4．核酸関連化合物		池田　至（水大校）
5．脂質		坂田完三（静大農）
6．テルペン類		伊奈和夫（静大農）
7．糖質及び有機酸		原田勝彦（水大校）

質疑

Ⅲ．飼餌料への応用　　座長　竹田正彦（元 高 知 大 農）

1．漁業用　　谷黒英雄（ニ チ モ ウ）

2．養魚用　　松下哲久（林 兼 産 業）

質疑

Ⅳ．総合討論　　座長　原田勝彦（水 大 校）

日高磐夫（三重大生物資源）

坂口守彦（京 大 農）

閉会の挨拶　　坂口守彦（京 大 農）

本書は当日の講演内容を中心に，質疑応答と総合討論の要旨を加えて編集した．今後，この分野の研究と応用面の発展にさらに拍車がかかれば幸いである．今回のシンポジウムを開催するにあたり，企画・立案の労をとられた日高磐夫教授並びに坂口守彦教授に深甚なる謝意を表する．併せてシンポジウムの実施にあたり多大のご配慮を賜った日本水産学会平成６年度春季大会委員会の関係各位に厚く御礼を申し上げる．

平成６年９月

原　田　勝　彦

魚介類の摂餌刺激物質　目次

Chemical Stimulants for Feeding Behavior of Fish and Shellfish

Edited by KATSUHIKO HARADA

本書では次の略号を用いた

（L–アミノ酸並びに関連化合物）

Ala: アラニン, Arg: アルギニン, Asn: アスパラギン, Asp: アスパラギン酸, Bet: ベタイン, Cys: システイン, $(Cys)_2$: シスチン, GABA: γ–アミノ酪酸, Gln: グルタミン, Glu: グルタミン酸, Gly: グリシン, GSH: グルタチオン, His: ヒスチジン, Hyp: ヒドロキシプロリン, Ile: イソロイシン, Leu: ロイシン, Lys: リシン, Met: メチオニン, Orn: オルニチン, Pro: プロリン, Phe: フェニルアラニン, Ser: セリン, Tau: タウリン, Thr: トレオニン, Trp: トリプトファン, Tyr: チロシン, Val: バリン

（核酸関連化合物）

Ado: アデノシン, ADP: アデノシン–5'–二リン酸, AMP: アデノシン–5'–一リン酸, ATP: アデノシン–5'–三リン酸, CMP: シチジン–5'–一リン酸, GDP: グアノシン–5'–二リン酸, GMP: グアノシン–5'–一リン酸, GTP: グアノシン–5',–三リン酸, Guo: グアノシン, Hyp: ヒポキサンチン, IDP: イノシン–5'–二リン酸, IMP: イノシン–5'–一リン酸, Ino: イノシン, ITP: イノシン–5'–三リン酸, UDP: ウリジン–5'–二リン酸, UMP: ウリジン, Urd: ウリジン–5'–一リン酸, UTP: ウリジン–5'–三リン酸

（糖質）

Arp: アラビノース, Fru: フルクトース, Fuc: フコース, Gal: ガラクトース, Glc: グルコース, Man: マンノース, Rha: ラムノース, Rib: リボース, Sor: ソルボース

Ⅰ．摂餌刺激と化学感覚

1．歴史と展望

坂 口 守 彦*

ヒトの感覚には視覚，聴覚，嗅覚，味覚，触覚などのいわゆる五感があるが，水産動物にもこれらの感覚に類似したものが備わっている．水産動物による餌の探索と摂取は，通常これらの感覚を総合して行われるが，これら感覚のなかで嗅覚と味覚は化学物質が刺激を引き起こすところから，化学感覚と称される．

すでに古くから，魚介類はその餌料によって摂餌刺激を受けると考えられていたようである．すなわち，ＢＣ４世紀には哲学者であり，博物学者でもあったアリストテレス（BC 384～BC 322）はその『動物誌』に次のように記載している．「多くの魚は特別な味を好み，サバや肪ののった魚肉の餌に特によく食いつく」，「ある水産動物が，あるものの臭いを判別して近寄ってくるものなら，そのものの味も好きに違いない」，また「口のあるものなら，味のある液体に触れて感じることによって，快と苦を感じるのである」といった具合である．さらにこの『動物誌』には特定の魚介類はどのような餌料を好み，その釣り餌としてどのようなものが好適かという点に関する詳しい記載があるという[1]．ついでに釣りに関連していうと，その歴史はきわめて古く，ＢＣ20世紀頃のエジプトではすでに釣りが行われていたという記録があり，釣り餌としては昆虫が用いられていたようである[1]．わが国の釣りの歴史も古く，すでに貝塚から貝殻などとともに釣り針が出土しているという．釣り餌に関してわが国で初めて文献に登場するものとしては，イカ油漬餌料があるが，山陰地方ではすでに19世紀中期にはタイ釣り用として開発されていたらしい[2]．

これらの記述は，人類が太古から魚類がその餌料や釣り餌を好むことを知っ

＊ 京都大学農学部

ていたことを示し，人々は明確ではなくとも，これらの中に含まれる物質が水産動物の感覚器になんらかの刺激をもたらすことを理解していたのではなかろうか．

この刺激物質は，いくつかの例外を除けば餌料や釣り餌中のいわゆるエキス成分のなかに見いだされるものであり，これまでにも多くの報告がある[3~5]．また主要な成分については本書にも取りあげられているので，ここでは触れないことにし，感覚器における摂餌刺激の受容機構に関してその研究の歴史と将来展望について解説する．

§1. 嗅覚器における受容機構

化学物質によって水産動物の感覚器に刺激が発生するメカニズムについて研究されるようになったのは比較的近年のことである．すなわち化学感覚をつかさどる器官は上述のとおり嗅覚器と味覚器であるが，魚類におけるこれらの器官について解剖学的・組織学的な検討が開始されたのは19世紀に入ってからとされ[6,7]，近年にいたって刺激が伝達される経路のみならず，種による相違，発生過程における違いなど微細なポイントについても多くの報告が見られるようになった[5,8~10]．

嗅覚は刺激物質に対する感知濃度が味覚のそれよりもはるかに小さいところから，遠感覚と称されるが，動物のもつ嗅覚器の中で臭物質と直接接触するのは嗅細胞であり，この表面あるいはその近傍の特定部位に受容体が存在する．このあたりの細胞レベルにおける臭物質の受容機構に関する報告は比較的多いが，歴史的には魚類(ナマズ，コイおよびテンチ)における刺激物質の嗅覚受容機構について電気生理学的手法を用いて研究したのは Adrian and Ludwig[11] が最初とされる．

その後，この手法を用いて Sutterlin and Sutterlin[12] や Suzuki and Tucker[13] によってアミノ酸が魚類（大西洋サケおよびナマズ）では有効な刺激物質であることが証明され，この方面の研究は急速な進歩を遂げることとなった．現在までに刺激物質としてアミノ酸のみをとり上げても，研究に用いられた魚種はすでに数10種を越すとされている[10,14]．電気生理学的手法は化学構造と応答の相関などについて多くの示唆を与えるが，刺激の受容のメカニズムを分子のレベルで明らかにし得るものではない．とくに臭物質を最初に受容する分子機構に関してはこの手法では歯がたたず，生化学ないしは分子生物学的手法によらなくてはならない．哺乳類では近年この機構（臭物質受容体タンパク質，G-タンパク質，アデニル酸シクラーゼ，イノシトール3-リン酸，cAMPなどを含む）についていくらか報告[15,16]があるが，水産動物をとりまく環境は水であり，陸上動物の場合とは大きく異なるから，この機構は相互にかなり違ったものである可能性がある．因みに水産動物では臭物質として認められているものは親水性の高い遊離アミノ酸(いわゆるエキス成分に属する)，低級脂肪酸，アルコール類などである．将来，この機構が解明されれば，これまでに電気生理学的手法によって明らかにされてきた上記臭物質の化学構造と応答（活性）の相関なども明確にすることができると思われる．最近，Ngai ら[17]はラットの臭物質受容体タンパク質をコードする cDNA を用いてナマズのそれを得たのち，これによって求めたアミノ酸配列から本魚類の受容体タンパク質の性状を推定した．それによると，本タンパク質は膜を7回貫通し，ラットのそれと類似したところがあるが，その遺伝子ファミリーは遥かに単純なものであるという．将来はこのタンパク質の詳細な性状や臭物質に対する結合の強弱などを解明することによって，これまでに主として電気生理学的手法によって明らかにされてきた上記臭物質の化学構造と応答（活性）の関係を分子レベルで確認することが可能となろう．

§2. 味覚器における受容機構

味覚は嗅覚と比べて刺激物質に対する感知濃度が比較的大きく，近感覚に分類される．水産動物が，餌料中に存在する味物質に対してどのような応答を示すかについては多くの研究例があるが，1933年に Hoagland[18]がナマズに電気生理学的手法を適用したのが最初とされる．その後，1960年代初頭に Konishi and Zotterman[19,20] が単一神経線維を用いてコイの味覚器応答を詳細に解析したのがこの分野における研究の嚆矢とされる[21]．その後，多数の研究者が多種の魚類を用いて研究を進めた．それらは主として餌料生物の組織抽出液やこれに含有される成分（主として低分子物質）について検討したものが大多数である．また成分の化学構造と応答の関係についてもこれまでに多くの成果が得られている．嗅覚器の場合と同じように味覚器の場合も，その応答の模様を分子のレベルで明らかにするためには，生化学や分子生物学的手法によらなくてはならないが，哺乳類でも現在のところ研究例は比較的少ない[22,23]．ただ最近ナマズの味細胞膜画分と刺激物質（遊離アミノ酸）との結合性が解析され，受容体にはアミノ酸の種類により少なくとも2種のタイプがあると考えられている．すなわち，Alaのように短鎖のアミノ酸にたいして親和力が大きいものとArgのような塩基性アミノ酸に親和力が大きいものとがあるとされ，前者の受容機構には，これらが直接結合する味物質受容体タンパク質，イノシトール-3リン酸，cAMPなどが関与すると推定されている．後者のそれには刺激物質が結合することによって直接的に開口するチャンネルが関与すると考えられている[24]．今後は，この方面の研究が進展することによって味受容の初期過程が明らかにされていくものと思われ，この中で神経生理学的手法を用いた研究や膜画分への吸着実験で知られていた刺激物質同士の協同作用，さらに忌避物質の作用機構なども分子のレベルで明らかにされる日がくるのも夢ではあるまい．

§3. 行動学的手法による化学感覚の研究

味物質に対する応答の様子を解明する手法として行動学的手法がある．これはちょうど生体に関する研究において用いられる *in vivo* の実験手法に相当するもので，冒頭に示したアリストテレスによる記述なども含めるとこれまでに研究例が最も多い．これらには魚類に本来そなわっている形式で発現する走性，反射，あるいは本能的行動と称される単純な行動の観察から，さらに進んで後天的に習得した経験の組み合わせ（広義の学習）によって出現する反応による行動の観察までさまざまな段階がある[6]．これまでに，餌料生物の組織抽出液は一般に強い活性を示すことやこれを構成する個々の成分のみならず成分間の協同作用などについても多くの知見が蓄積されている[5,25,26]．また最近ではこの手法によって摂餌阻害物質の存在が明らかにされ[27]，摂餌刺激が活性物質と阻害物質の混合比率によって決定される可能性があることを示唆している．今後は行動学のレベルから見た刺激物質の化学構造と応答（活性）の相関の詳細やさまざまな学習の効果などにも研究の領域が拡がっていくものと思われる．

哺乳類では，嗅覚，味覚のみならず物理感覚に属する視覚についてもその分子機構を一種のトランスダクションのメカニズムとして統一的に解釈する方向にある．現在では哺乳類に比較して水産動物の嗅覚器や味覚器における刺激物質の受容機構に関して研究の進展は相当遅れているが，もしその機構が比較的単純なものとすれば，生化学や分子生物学の手法の進歩を背景に意外に速やかに全貌が明らかになるかもしれない．ただ味覚のみならず嗅覚の情報処理を行う高次神経系の作用機構については，哺乳類でもまだ推測の域を出ていないので，解明のための道のりはかなり遠いと考えられる．

文献

1) 原田勝彦：水産界，1294号，65-72 (1992).
2) 原田勝彦：生態化学，**9**，31-35 (1988).
3) 伊奈和夫：魚類の化学感覚と摂餌促進物質（日本水産学会編），恒星社厚生閣，1981，pp. 85-95.
4) 鴻巣章二・福家眞也：魚類の化学感覚と摂餌促進物質（日本水産学会編），恒星社厚生閣，1981，pp. 96-108.
5) 日高磐夫：魚類生理学（板沢靖男・羽生功編），恒星社厚生閣，1990，pp.489-518.
6) 梅津武司：日水誌，**32**，252-376 (1966).
7) H. Kleerekoper: Chemoreception in Fishes (ed. by T. J. Hara), Elsevier, 1982, pp 1-14.
8) 上田一夫・佐藤真彦・岡 良隆：魚類の化学感覚と摂餌促進物質（日本水産学会編），恒星社厚生閣，1981，pp. 9-25.
9) 岩井 保：魚類の化学感覚と摂餌促進物質（日本水産学会編），恒星社厚生閣，1981，pp. 26-35.
10) 小林 博・郷 保正：魚類生理学（板沢靖男・羽生 功編），恒星社厚生閣，1990，pp. 471-487.
11) E. D. Adrian and C.Ludwig : *J. Physiol.* **94**, 441-460 (1938).
12) A. M. Sutterlin and N. Sutterlin : *J. Fish. Res. Bd. Can.*, **28**, 565-572 (1971).
13) N. Suzuki and D. Tucker : *Comp. Biochem. Physiol.*, **40A**, 339-404 (1971).
14) T. J. Hara : The Physiology of Fishes (ed. by D. H. Evans), CRC Press Inc., 1993, pp. 191-216.
15) R. R. Reed : *Quant. Biol.*, **117**, 501-504 (1992).
16) D. Lancet and N. Ben-Arie : *Current Biol.*, **3**, 668-674 (1993).
17) J. Ngai, M. M. Dowling, L. Buck, R. Axel, and A. Chess: *Cell*, **72**, 657-666 (1993).
18) H. Hoagland : *J. Gen. Physiol.*, **16**, 685-693 (1933).
19) J. Konishi and Y. Zotterman : *Nature*, **191**, 286-287 (1961).
20) J. Konishi and Y. Zotterman : *Acta Physiol. Scand.*, **52**, 150-161 (1961)
21) 清原貞夫：魚類の化学感覚と摂餌促進物質（日本水産学会編），恒星社厚生閣，1981，pp. 63-74
22) T. A. Gilbertson : *Current Opinion in Neurobiology*, **3**, 532-539 (1993).
23) 松岡一郎：生化学，**66**，150-154 (1994).
24) 杉本久美子：神経進歩，**37**，775-785 (1993).
25) 伊奈和夫：魚類の化学感覚と摂餌促進物質

（日本水産学会編），恒星社厚生閣，1981，pp. 85-95.
26）原田勝彦：生態化学，**9**，35-44（1989）.
27）原田勝彦：水産の研究，**6**，53-62（1987）.

2. 嗅覚応答

山 森 邦 夫*

原生動物から脊椎動物に至るまでほとんどの動物が化学感覚にたよって生きている．陸生動物の場合，嗅覚器は揮発性物質に応答する遠隔受容器であり，味覚器は水溶性物質に応答する接触受容器である．しかし水産動物の場合は嗅覚器も味覚器もともに水溶性物質に応答する．魚類の化学感覚は嗅覚と味覚に分けられるが，水生無脊椎動物の化学感覚は分類が難しく，ここでは遠隔受容器を嗅覚器，接触受容器を味覚器と考える．化学感覚を研究する方法として形態学的，生理学的，行動学的などさまざまな方法があるが，電気生理学的方法は技術的に多少の訓練を要するものの，簡便であり，迅速に結果を得られ，データの数値化も容易であるなど利点が多く，この方法の導入により研究は大変進歩した．ここでは電気生理学的研究によって得られた魚類および甲殻類の嗅覚器の様々な物質に対する応答を紹介し，また嗅覚器の遠隔受容器としての性能について考える．

§1. 魚類における嗅覚

1·1 嗅覚器の構造　硬骨魚では鼻は通常口の上方で眼の前方にある．魚の前進運動により，水中のにおい物質は左右一対の前鼻孔から鼻腔に入り，後鼻孔から出る．鼻腔内への水の出入りは魚の前進運動による他，メバルのように呼吸運動に伴って副鼻腔が収縮拡張を繰り返し，そのスポイト作用により水流が起こるもの，ウナギのように鼻腔内の繊毛運動により水流が起こるものなどがある．鼻腔内には嗅板とよばれる多数のひだが集まって嗅房を形成する．嗅板は嗅上皮でおおわれ，嗅上皮中にはにおい物質の受容器である嗅細胞がある．嗅細胞は神経細胞起源のいわゆる第一次感覚細胞に属し，嗅細胞の軸策はきわめて細い無髄の嗅神経となり，嗅球の糸球体まで延びている．嗅球は嗅覚系における第一次の中枢である．嗅細胞が刺激されると嗅球には 10 Hz 前後

* 北里大学水産学部

の脳波が誘起される．嗅神経は嗅球で第二次ニューロンである僧帽細胞とシナプスし，僧帽細胞の軸策は嗅策を形成しながら上位中枢である端脳の嗅覚領へ情報を送る．

1·2 種々の化学物質に対する応答 魚類の嗅覚は河川水の識別，個体臭の識別が可能なほど感受性が高く，索・摂餌行動のみならず，繁殖行動，群行動，警告行動，母川回帰行動などの諸行動に関与する[1]．

魚類の嗅覚器はいろいろな化学物質に応答する．特にアミノ酸に対する感受性が高く，EOG，嗅球脳波，嗅上皮インパルス，嗅策インパルスなどを指標とする電気生理学的方法により，メクラウナギ，アカエイ，ガンギエイ，サメの仲間，ギンザケ，ベニザケ，大西洋サケ，ニジマス，アルプスイワナ，カワマス，whitefish，コイ，ソウギョ，ナマズの仲間，ゴンズイの仲間，アメリカウナギ，マアナゴ，ボラ，マダイ，ブリなど20種以上の魚類において，各種アミノ酸に対する嗅覚応答が調べられている[2]．多くのアミノ酸が嗅覚を刺激するが，中でも Gln, Ala, Arg などの刺激効果は高く，一方，味覚では強い刺激効果をもつ Pro などの刺激効果は低い．そこで各種アミノ酸の刺激効果の大きいものの順に並べた嗅覚スペクトルともいうべきものを多くの魚種について作成し比較してみると，魚種間でスペクトル型が類似している[3]．味覚では各種アミノ酸の相対的刺激効果が魚種間で大きく異なるのに対し，嗅覚では類似していることが特徴である．最も有効なアミノ酸の刺激閾値は 10^{-9}～10^{-6}M と低く[2]，またガンギエイ[4]では 10^{-14}M と著しく低い値が報告されている．

陸生動物にとって嗅覚刺激物質である低級脂肪酸に関して，ナマズ[5]では酪酸に対する閾値が 10^{-13}M ときわめて低い値が報告されているものの，大西洋サケ[6]，ニジマス[7]，コイ[8]，ブリ[9]では生理学的に意味のある濃度では有効な刺激とならない．アルコール類に関しても，ナマズ[5]ではブチルアルコールに対する閾値が 10^{-15}M と著しく低い値が報告されているが，コイではアミルアルコールに対する閾値が 10^{-4}M と高く[8]，大西洋サケ[6]，ニジマス[7]，ブリ[9]では閾値はさらに高く有効な刺激とならないと考えられている．

魚類の行動にはフェロモンが関与すると考えられるものが少なくないが，フェロモンとなる物質が同定され，さらにその嗅覚刺激性が電気生理学的に調べられた例は少ない．17α，20β-ジヒドロキシ-4-プレグネン-3-オン（以下17-20

P) は雌キンギョの卵成熟を誘起するステロイドホルモンであるが[10]，この17-20P が排卵中の雌キンギョから体外に放出されると，雄に作用し，生殖腺刺激ホルモンのサージ，17-20P の合成促進，精液の増大を起こす[11]．また雌の体内では排卵中にプロスタグランジン F2α (PGF2α) が多量に生産され，PGF2α やその代謝産物である 15-ケト-プロスタグランジン F2α (15K-PGF2α) が体外に排出されると，これによって雄の性行動が発現する．17-20P はキンギョの性行動を引き起こしはしないが，嗅覚を刺激し，その閾値は 10^{-13}～10^{-12}M ときわめて低いのに対し，他の代表的なステロイドホルモンはほとんど嗅覚を刺激しないという[12]．一方の PGF2α や 15K-PGF2α は雄の性行動を発現する作用をもち，嗅覚を刺激し，その閾値は 10^{-10}M とやはり低い[13]．

1·3 遠隔受容器としての性能　上述のように電気生理学的研究によって魚類の嗅覚器は生物由来の各種のにおい物質に対してきわめて高い感受性をもつことが示された．しかし，遠隔受容器としての性能を論ずる場合には，感受性の他に順応についても考慮しなければならない．順応とはあるにおい物質に露出されつづけるとその物質に対する感覚が鈍麻する現象であるが，これらの研究では試験物質に対する感受性が測定される前に，順応の影響を取り除くため，嗅覚器が清浄な淡水または海水で充分に洗浄された．一方，魚が生息する自然環境水には種々雑多な物質が溶解しているのが普通であり，嗅覚器がその影響を受けるからである．

生物由来の遊離アミノ酸などのにおい物質は周囲の水に拡散したり，また細菌などに消費されて低濃度にはなるものの，環境水中に存在している．これに加え，におい源が近くにあれば，におい物質の拡散が起こる．におい源は餌生物であったり，仲間であったり，敵であったり，また自身であったりする．におい物質の濃度勾配はにおい源までの距離や方向に関する情報を供給するから，嗅覚器が遠隔受容器として有効に働くためには，におい物質の存在下で，その濃度に順応した状態で，当該物質の濃度変化を検出する能力が特に重要となるだろう．

魚類嗅覚器のアミノ酸感受性に及ぼす順応の影響を調べた研究はほとんどない．そこで筆者らは，化学感覚器の濃度変化検出能力を知るため，数種の淡水魚および海水魚について順応濃度を種々変えた条件下で，アミノ酸の濃度変化に対する嗅覚器の応答性を嗅球脳波を指標として調べている*．順応の影響は受容サイトを共有する他の物質に対する感受性にも及ぶので，当該物質の感受性に対する影響を特に自己順応 self adaptation として区別する場合もある．Ala, Asn, Gly, Ser, Val などのアミノ酸に対するニジマスの嗅覚に及ぼす自己順応の影響を調べたところ，嗅覚器は比較的順応しにくく，また 10^{-5}, 10^{-4} または 10^{-3}M のアミノ酸に順応中に順応濃度の1.1～6.0倍となるようアミノ酸濃度を増加して刺激した場合，1割程度の濃度増加にも応答がみられた．またアミノ酸濃度の減少時には応答が一旦元のレベルより減少した後に元のレベルに復帰した．以上からニジマスはアミノ酸濃度のわずかな増減を感知可能であると推察した．そしてアイナメにおいても同様の結果を得た．

エゾイワナではもっと広い濃度範囲にわたって順応の影響を調べた．Ser に対する嗅球応答の濃度—応答曲線は右上がりの曲線であるが，順応時は応答がやや減少し，この曲線は順応濃度が高まるにしたがってより右にスライドした(図 2·1)．一方，図 2·1 のデータを再構成し，刺激濃度と順応濃度の比率を横軸にとり，応答の大きさとの関係をみると，この曲線は順応濃度の増加とともに左上に移動した(図 2·2)．横軸は濃度変化の大きさであるから，この図は嗅覚器における濃度変化の検出能力が順応濃度の増加とともに増大することを示

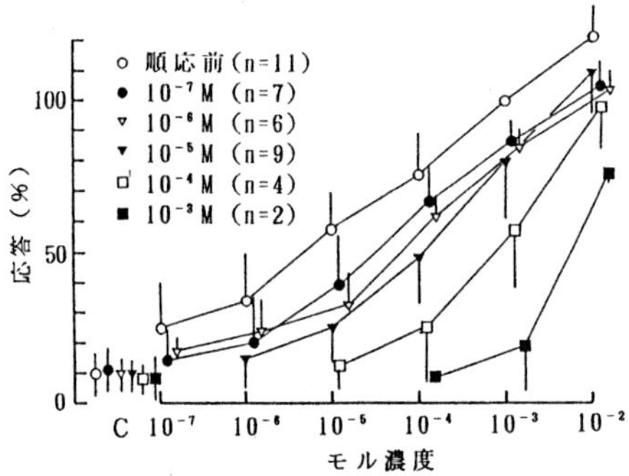

図 2·1　Ser に対するエゾイワナ嗅球応答の濃度—応答曲線と同曲線に及ぼす Ser 順応濃度の影響（未発表）．応答は非順応時の 10^{-3}M Ser の応答に対する百分率で表した．

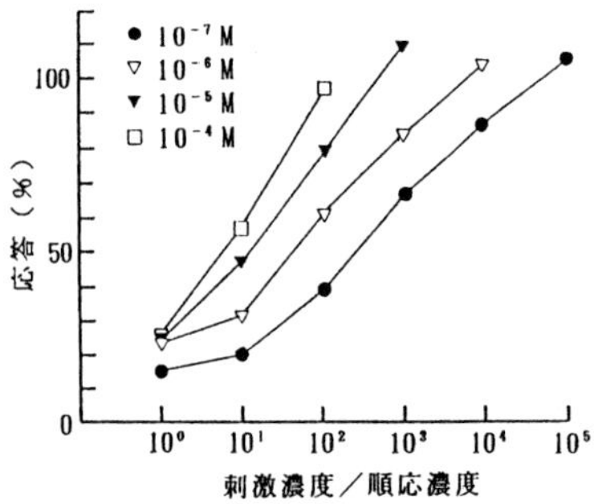

図 2·2　エゾイワナ嗅覚器における Ser の刺激濃度と順応濃度との比率—応答曲線（未発表）．図 2·1 のデータを再構成した．

* 山森邦夫，未発表

している．遠隔受容の現場では，におい源が近づけば近づくほど濃度変化の検出能力が高まることを意味し，嗅覚器が優秀な遠隔受容器であることを裏付けている．

嗅覚器との比較のため，味覚器についても同様に順応の影響を調べた．Pro はエゾイワナの味覚器に対してもっとも刺激効果の高いアミノ酸である．Pro に対する味覚応答に関して，刺激濃度と順応濃度の比率を横軸にとり，応答の大きさとの関係をみると，この曲線は順応濃度の増加とともに右下に移動した (図 2·3)．これは味覚器における濃度変化の検出能力が順応濃度の増加とともに急速に減少することを示している．順応による感受性の低下が著しいため，10^{-5}M に順応中にはその1000倍の刺激に対してもほとんど応答がみられなくなった．一般に魚類の味覚器は，順応が起こらないような条件下ではアミノ酸に対して嗅覚器と同程度に高い感受性を示す．このため味覚器による遠隔受容も可能ではないかと考えられ，ナマズなど一部の魚種では味覚器による遠隔受容が実証されている[14]．しかし，エゾイワナの味覚器のように濃度変化の検出能力が低い場合には遠隔受容は困難なようである．もう一例，苦み物質であるキニーネに対するエゾイワナ味覚器の応答において順応の影響をみた (図 2·4)．この場合は順応濃度の変化による曲線の移動はみられず，濃度変化の検出能力は順応濃度の影響をうけにくいことを示している．順応の影響も味物質の種類

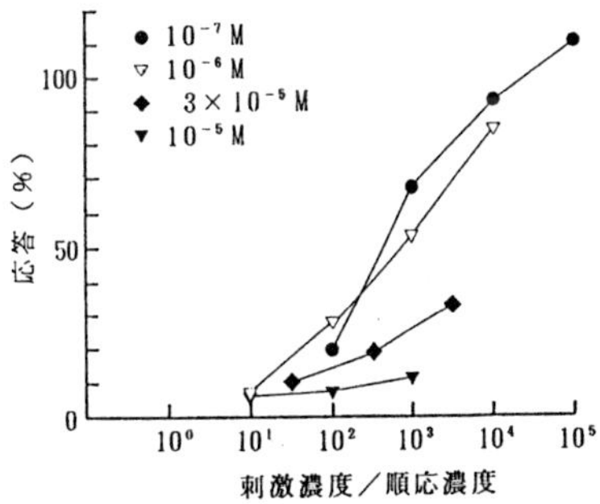

図 2·3 エゾイワナ味覚器における Pro の刺激濃度と順応濃度との比率—応答曲線（未発表）．応答は非順応時の 10^{-3}M Pro の応答に対する百分率で表した．

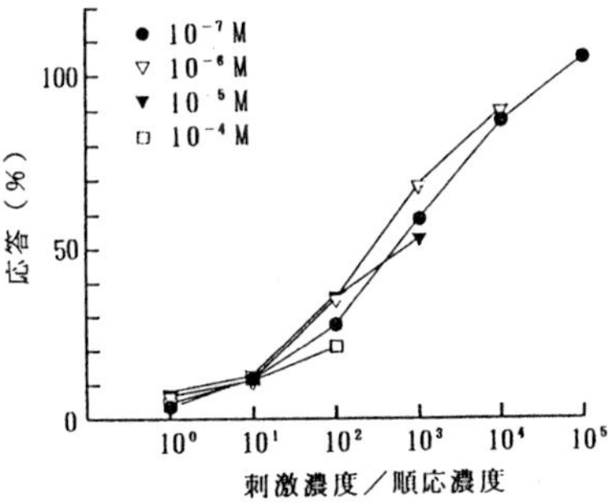

図 2·4 エゾイワナ味覚器におけるキニーネの刺激濃度と順応濃度との比率—応答曲線（未発表）．応答は非順応時の 10^{-3}M Pro の応答に対する百分率で表した．

によって異なるようである.

アミノ酸に対する嗅覚器の感受性も味覚器の感受性もいずれも順応によって影響されるが，影響のされ方はまったく対照的であった．嗅覚器の場合には，一定濃度のにおい物質に対する応答を抑制することが，かえって当該物質の濃度変化に対する応答の増強を助けているのではないだろうか．例えば図 2·1 において 10^{-4}M から 10^{-2}M に濃度が増加する場合，10^{-4}M 順応時の 10^{-2}M に対する応答は 100 %であるが，順応が起こらないと仮定した場合の応答は，10^{-4}M の応答（75%）から 10^{-2}M の応答（120%）までの増加分45%と考えられ，順応時の応答の半分にも満たない計算になる．一方，味覚器の場合には，順応による著しい感受性の低下が起こった（図 2·3）．アミノ酸に対する過剰なほどの順応の早さは何故か，これで的確な濃度把握ができるのかといった疑問がわき，今後の研究が待たれる．

以上，嗅覚器と味覚器の相違を示したが，もとより電気生理学的結果からだけでは判断を誤ることもあるため，行動実験による裏付けなどが必要と考えている．

§2. 甲殻類の化学感覚

甲殻類の感覚器はよく発達しており，十脚目では，体諸部外表に感覚神経線維を内に有する羽状剛毛状の触毛があり，第 1 触角，第 2 触角，口器周辺部，顎脚，鋏脚，歩脚などに存在する剛毛には化学感覚器がある．第 1 触角は小型で途中で外肢と内肢に分岐している．外肢上の化学感覚器は典型的な遠隔受容器とされ，イセエビ（*Panulirus argus*）の Tau に対する閾値は 10^{-9}〜10^{-8}M[15]，ウミザリガニ（*Homarus americanus*）の Hyp に対する閾値は 10^{-7}M[16] と低い．第 2 触角は長大で，これを走査して機械的な探索を行うため機械受容が主と考えられているが，*H. americanus* の化学受容器の Hyp に対する閾値は 10^{-8}〜10^{-7}M[17] と低い．顎脚や歩脚上の化学受容器は接触受容器とされている．

単一神経線維の応答解析により十脚類の化学受容器は刺激物質に対する選択性が強いことが分かった．ウミザリガニの化学受容器の選択性を部位別に比較すると[17]，遠隔受容器とされている第 1 触覚外肢[18]では46%は Hyp に，13%

は Tau に，10%は Glu に，第1触覚内肢[19]では26%は Hyp に，21%は Arg に，24%は Tau に選択的に応答する線維であり，Hyp に応答する 線維が多い．一方，接触受容器とされている歩脚[20]では38%は Glu に，16%は Hypに，15%は NH_4^+ に，11%は Bet に，そして第3顎脚[21]では28%は Glu に，15%はBet に，13%は Tau に，13%は Hyp に選択的に応答する線維であり，こちらは Glu に応答する線維が多く，両者の機能的な差異をうかがわせる．ところで第2触覚[17]では85%は Hyp に，8%は Tau に選択的に応答する線維であり，遠隔受容器型であった．

十脚類の化学感覚刺激物質は海水中にも背景濃度として存在する物質であるから，魚類の項で述べたように濃度変化を検出する能力は重要である．Gly は背景濃度として 150 nM 程度存在するが，行動実験によればイセエビ（*P. interruptus*）は背景濃度のわずか2〜8%の Gly 濃度の増加を感知可能である[22]．電気生理学的に順応を調べた実験は少ないが，*P. argus* の第1触覚中の Tau 受容器の濃度応答曲線は，10 nM の Tau の背景濃度下では濃度の高い方に平行移動する[23]．同様に *H. americanus* の歩脚の NH_4 受容器は，種々のレベルの NH_4^+ 背景濃度下で，濃度応答曲線は濃度の高い方に平行移動する[24]．この移動にともなう曲線の形に変化がみられなかったことから，背景濃度によってこの曲線が移動する性質には，濃度変化検出能力を低下させずに応答濃度範囲を広くする利点があるとみられる[25]．

文　献

1) 上田一夫：匂いの科学（高木貞敬・渋谷達明編），朝倉書店，1989, pp. 173–182.
2) 小林　博・郷　保正：魚類生理学（板沢靖男・羽生　功編），恒星社厚生閣，1991, pp. 471–487.
3) Y. Goh, T. Tamura, and H. Kobayashi : *Comp. Biochem. Physiol.*, **62A**, 863–868 (1979).
4) A. A. Nikonov, Y. N. Iliyin, O. M. Zherelova, and E. E. Fesenko : *Comp. Biochem. Physiol.*, **95A**, 325–328 (1990).
5) J. C. Boudreau: *Jap. J. Physiol.* **12**, 272–278 (1962).
6) A. M. Sutterlin and N. Sutterlin : *J. Fish. Res. Bd. Can.*, **28**, 565–572 (1971).
7) T. J. Hara : *Progr. Neurobiol.*, **5**, 271–335 (1975).
8) Y. Goh and T. Tamura : *Nippon Suisan Gakkaishi*, **44**, 1289–1294 (1978).
9) H. Kobayashi and K. Fujiwara : *Nippon Suisan Gakkaishi*, **53**, 1717–1725 (1987).
10) Y. Nagahama : *Dev. Growth and Diff.*, **29**, 1–12 (1987).
11) N. E. Stacey and P. W. Sorensen : *Can. J. Zool.*, **64**, 2412–2417 (1986).
12) P. W. Sorensen, T. J. Hara, and N. E. Stacey : *J. Comp. Physiol. A.* **160**, 305–313 (1987).

13) P. W. Sorensen, T. J. Hara, N. E. Stacey, and F. WM. Goetz: *Biol. Repro.*, **39**, 1039–1050 (1988).

14) J. E. Bardach, J. H. Todd, and R. Crickmer: *Science,* **155,** 1276–1278 (1967).

15) Z. M. Fuzessery: *Comp. Biochem. Physiol.*, **60,** 303–308 (1978).

16) P. Shepheard: *Mar. Behav. Physiol.*, **2,** 261–273 (1974).

17) R. Voigt and J. Atema: *J. Comp. Physiol., A.* **171,** 673–683 (1992).

18) A. Weinstein, R. Voigt, and J. Atema: *Chemical Senses,* **15,** 651–652 (1990).

19) A. J. Tierney, R Voigt, and J. Atema: *Biol. Bull.*, **174,** 364–372 (1988)

20) B. R. Johnson, R. Voigt, P. F. Borroni, and J. Atema: *J. Comp. Physiol. A,* **155,** 593–604 (1984).

21) F. Corotto, R. Voigt, and J. Atema: *Biol. Bull.*, **183,** 456–462 (1992).

22) R. K. Zimmer-Faust: *Biol. Bull.* **181,** 419–426 (1991).

23) H. G. Trapido-Rosenthal, R. A. Glesson, and W. E. S. Carr: *Biol. Bull.*, **179,** 374–382 (1990).

24) P. F. Borroni and J. Atema: *J. Comp. Physiol. A,* **164,** 67–74 (1988).

25) C. D. Derby and J. Atema: Sensory Biology of Aquatic Animals (ed. by J. Atema, R. R. Fay, A. N. Popper, and W. N. Tavolga), Springer-Verlag, 1988, pp. 365–385.

3. 味覚応答

清原貞夫*

多くの水生動物は非常に発達した化学感覚をもち，彼らが棲む環境中の化学成分の変化を驚くほど敏感に受容して識別するように適応している．化学受容器が応答する物質の種類は生物の種により異なり，このことはそれぞれの生物の長い進化の過程でその生息環境に適応した結果であると考えられる．ここでは，水生動物の重要な化学感覚の一つである味覚について，その受容器の種々の化学物質に対する応答性について魚類を中心として考察したい．

§1. 魚類の2つの味覚系とその役割

味の受容器官である味蕾は，一般に体表，触鬚，鰭などの外表面と口腔内上皮，鰓，食道などの内表面に分布する．分布域と密度は魚種間により異なるが，外表面と唇およびそれに続く口腔内上皮の一部に存在する味蕾は顔面神経に支配され，他の内表面に存在する味蕾は舌咽―迷走神経に支配されることから，味覚を顔面味覚系と舌咽―迷走味覚系に分ける[1]．両者の機能が異なることは行動学[2]と解剖学的[3]に明らかにされ，顔面味覚系は餌の探索と口腔内への取り込みに，舌咽―迷走味覚系は餌の呑み込みと吐き出しに関与している．魚の摂餌行動は餌から受ける刺激によって餌の存在に気づく段階，探索，口腔内への取り込み，摂取の一連の行動要素からなりたっている[4]．顔面味覚系が高度に発達した魚種，例えば channel catfish では，味覚はこの摂餌行動の早い時期から重要な役割を果たし[5]，逆に外表面に全く味蕾をもたないような魚，例えばヒガンフグでは味覚は摂餌行動の後半の部分で役割を果たしている[4]．ヒガンフグに苦味物質であるキニーネを含ませたでん粉団子を与えると，魚は一旦それを口腔内に取り込んだ後，吐き出す[6]．これは明らかに舌咽―迷走味覚系を介しての行動である．

2つの味覚系が異なった味感受性をもつかどうかは大変興味ある問題である

* 鹿児島大学教養部

が，現在までのところ channel catfish の味覚神経応答でしか調べられていない[7]．それによると，キニーネに対する閾値に明瞭な差があり，舌咽―迷走味覚系の方が顔面味覚系よりも100倍ほど低く，$10^{-6.5}$～$10^{-8.5}$ M である．アミノ酸に対する応答スペクトルはかなり両味覚系で類似しており，閾値は顔面味覚系の方が低い．

§2. 魚類の味受容の初期過程

味覚受容は刺激分子またはイオンが味受容細胞の頂上部の膜と相互作用を起こすことにより始まる．この相互作用は，一連の細胞内情報伝達を経て受容器電位を引き起こし，続いて味細胞から味覚神経終末に対して化学伝達物質を放出して，味覚神経線維に活動電位を発生させる．最近10年間における末梢の味覚の電気生理学の研究では，後述するように味受容器細胞を支配する神経線維からの応答を調べることにより，多くの魚種の味受容器の感受性が明らかになるとともに，近年開発された patch clamp 法により味受容器膜に存在する受容体そのものの性質と味細胞内の情報伝達機構も解明され始めている．例えば channel catfish のアミノ酸受容器には少なくとも Arg 受容体と Ala 受容体の２種類が存在する[8]．Arg 受容体はカチオンチャネルの一部であり，これに Arg が結合することにより直接チャネルが開口し Na^{+} と Ca^{2+} が流入し，続いて受容器電位が発生して伝達物質が放出される．Ala 受容体に刺激分子が結合すると，受容体の近傍にあるGタンパク質（GTP-binding regulatory proteins)，アデニレートシクラーゼの順にカスケードし，細胞内 cyclic-AMP 濃度を上昇させる．続いて受容器細胞の側面に存在すると予想されるサイクリックヌクレオチド依存性カチオンチャネルを開き，細胞外からカチオンを流入させ，受容器電位の発生となる．細胞内のセカンドメッセンジャーとして，サイクリックヌクレオチド以外にも inositol triphosphate (IP_3) や diacylglycerol (DAG) が関与していることが報告されている．詳しくは他の総説を参考にされたい[8,9]．ここでは味覚神経線維の集合体である神経束から記録した積分応答の高さや個々の線維から記録した単位時間当たりのインパルス数を指標にして調べた様々な化学物質の味刺激効果について報告する．

§3. 魚類の味覚器の種々の化学物質に対する応答

魚類の味覚器はその餌生物のエキスに顕著に応答する．例えばコイ[10]はカイコの蛹やミミズのエキスに，ヒガンフグ[11]はアサリのエキスに，ゴンズイ[12]はイトメのエキスにといった具合である．エキスの中にはアミノ酸，ペプチド，核酸関連物質，有機酸，糖類，無機塩など様々な化学物質が含まれ，これらの物質の刺激効果が多くの魚種で調べられており以下その主な結果について述べる．

3·1 アミノ酸 1975年 channel catfish[13] とヒガンフグ[11]で，アミノ酸が強い刺激効果をもつことが明らかにされた．特に前者においては最も有効なアミノ酸の Ala や Arg に対する閾値が 10^{-11}～10^{-9} M であり，すでに当時明らかにされていた嗅覚器のアミノ酸の感受性に匹敵または優るものであり[14,15]，この魚種では味覚器が遠隔感覚としても機能するとして注目された．この両魚種での報告を契機として，様々な魚種でアミノ酸の味刺激効果が調べられている．閾値についてみると，channel catfish に匹敵する感度をもつ魚として，ウナギ[16]，モツゴ[17]，コイ[18]，シマイサキ[19]，ニジマス[20]，*Arius felis*[21]（ハマギギ科の魚）が挙げられ，比較的感度の悪いヒガンフグでも Gly に対して閾値が 10^{-6}～10^{-5} M であり[22]，魚の味覚器はアミノ酸に対して高い感受性を示すことがうかがえる．日高[4] は動物プランクトン（橈脚類が主要構成種となっている）の遊離アミノ酸含量と17の魚種のアミノ酸に対する応答スペクトラムを比較している（図 3·1）．この図を一見すれば分かるように，調べた濃度での有効なアミノ酸の数と各アミノ酸の相対的刺激効果は魚種間で大きく異なる．先にも述べたように魚の嗅覚器もアミノ酸に鋭敏に応答し，各アミノ酸の相対的刺激効果と閾値は魚種間でそれほど変わらないのが特徴である．このアミノ酸に対する嗅覚器と味覚器の感受性の違いは嗅覚と味覚の役割の違いを示し興味深い．味覚器の魚種間によるアミノ酸の感受性の違いは種間の食性の違いを反映していると思われる．このことは channel catfish の近縁種の5種間や[23]，図 3·1 に示してあるようにブリとカンパチの間でアミノ酸に対する応答スペクトラムや閾値が大変似ていることからも明らかである．図 3·1 に示してある動物プランクトンのアミノ酸組成はイソゴカイ，アサリ，スルメイカ，オキアミなどのそれと非常に近い傾向にあるという．こういった餌生物を好ん

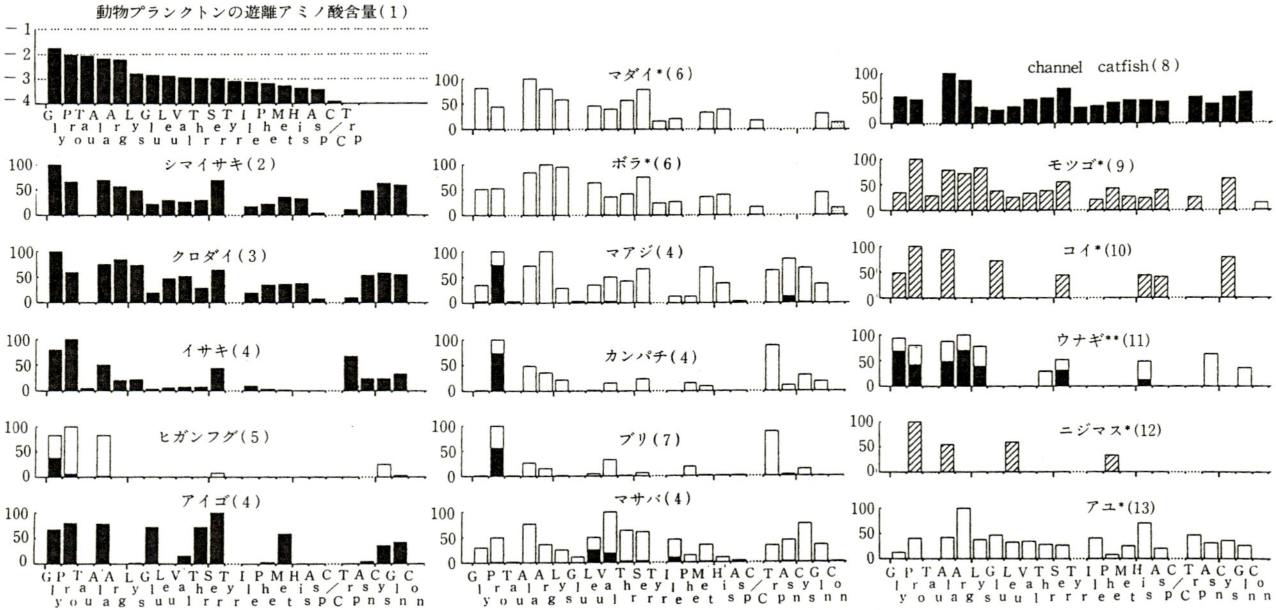

図 3·1　硬骨魚のアミノ酸に対する味覚神経応答（日高[4]より引用）

各アミノ酸の応答は各魚種において最も大きい応答の相対値で表してある．アミノ酸の配列は左上段の動物プランクトンの遊離アミノ酸の量の序列に合わせて配列してある．■，10^{-4} M．▨，10^{-3} M．□，10^{-2} M．…，データがないことを示す．C/C，$(Cys)_2$．Con，対照の海水または水．*，10^{-2} M または 10^{-3} M より低い濃度での比較はされていない．**，$(Cys)_2$ は 10^{-4} M のみ．(1)Jeffries[57]，(2)Hidaka and Ishida[19]，(3)石田[58]，(4)Ishida and Hidaka[24]，(5)Hidaka ら[22]，(6)Goh and Tamura[29]，(7)Hidaka ら[30]，(8)Caprio[13]，(9)Kiyohara ら[17]，(10)Marui[18]，(11)Marui ら[20]，(12)Yoshii ら[16]，(13)帝釈[59]

で食べるイサキ，シマイサキ，クロダイ，マダイ，ヒガンフグの味覚器は餌生物のエキス中に多く含まれる Gly, Ala, Pro, Arg などに高い感受性を示す．但しこれらのエキス中に多量に含まれることが多い Tau についてはいずれの魚でも応答が見られないことも指摘できる．日高はアイゴのアミノ酸応答スペクトラムとこの魚が好んで食べるワカメの遊離アミノ酸組成も比較し，ワカメに多量に含まれる Ala, Gly, Thr, Glu と Ser のいずれにも味覚器が顕著に応答することを示している．このような事実より魚類の味覚器はその種が好んで食べる餌生物のエキス中に多量に含まれるアミノ酸に応答するように発達し，餌を環境から効率よく探しだすように貢献しているようである．しかしこういった図式では全く説明できない場合もある．上で述べたタウリンもこの例であるが，別な例としてブリとカンパチでの Trp がある．両魚種の味覚器は Trp は Pro についでよく応答するが，無脊椎動物や魚肉などのエキス中にはこのアミノ酸は極めて少ない[24]．

D型のアミノ酸はL型のそれに比べて味刺激効果が劣ることが多くの魚種で確認されている．同様な傾向が *Arius felis* の Ala ついて報告されている[23]．この魚ではL型アミノ酸20種に 10^{-4} M で全てに応答がみられ，D型 Ala の相対刺激効果がL型 Ala, Gly に次いで高く，閾値が 10^{-7} M 付近と低い．更に単一線維の応答解析と交差順応の実験より[21,25]，D型とL型の Ala の受容器が異なることが明らかにされ，注目される．D型 Ala はカリフォルニア産や日本産の多くの二枚貝のエキスで存在が確認され，種類によってはL型よりも多く含まれていることが明らかにされている[26]．これらのことより，魚種によってはD型のアミノ酸も重要な味刺激物質の可能性があり，今後この方面の研究成果が待たれる．ジペプチドやトリペプチドも刺激効果をもつことが channel catfish[27]，モツゴ[17]，シマイサキ[19]などで分かっている．概して，ペプチドの刺激効果は弱く，それを構成する個々のアミノ酸の単独の刺激効果よりも劣る[28]．

3·2 核酸関連物質　様々なヌクレオチドとヌクレオシドの刺激効果が図3·2に示した殆どの魚種で調べられている．これらの魚種のうち，マダイとボラの口唇受容器は 10^{-2} M の濃度の AMP, ADP, ATP, IMP, GMP, Ado のいずれにも応答しないと報告されている[29]．また，アイゴでも殆ど応答がみられない[24]．他の魚種では核酸関連物質のいずれかに顕著な応答がみられる．核酸関連物質に対する閾値は，ブリで AMP に対して 10^{-6}〜10^{-5} M である[30]．この魚で最も有効なアミノ酸である Ala に対する閾値もこの範囲にあり，アミノ酸と同様核酸関連物質も重要な味物質であることが分かる．他の魚での有効な核酸関連物質に対する閾値は 10^{-6}〜10^{-4} M の範囲にあり，概してアミノ酸

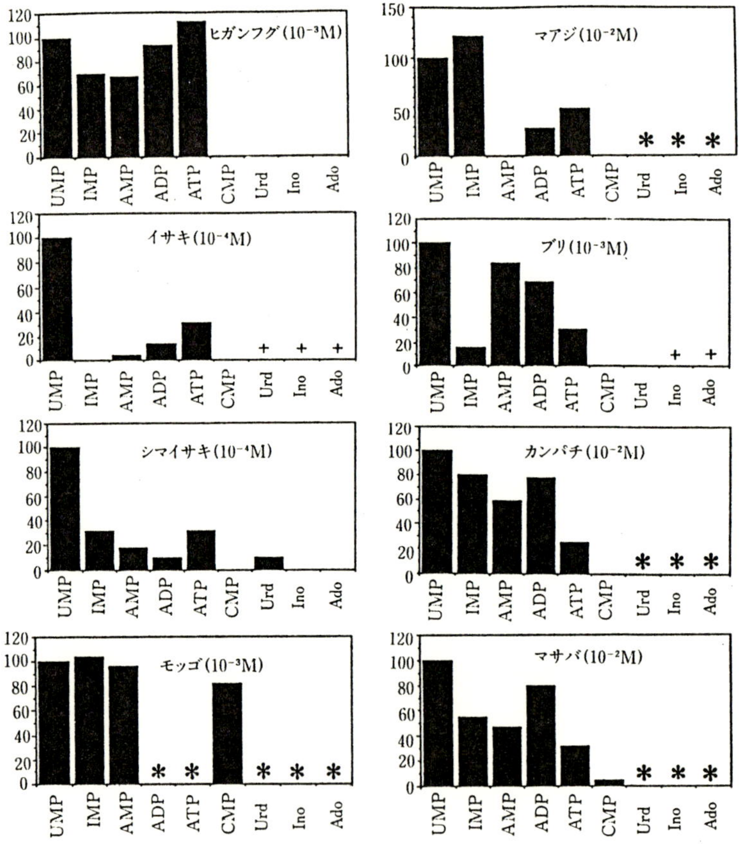

図 3·2　硬骨魚の核酸関連物質に対する応答

応答は各魚種で UMP の応答値の相対値で表してある．＋，応答があることを示す．* 調べられていないことを示す．種名の後の（　）内の数字は調べた濃度を示す．ヒガンフグは Kiyohara ら[11]と Hidaka ら[22]，シマイサキは Hidaka and Ishida[19]，モツゴは Kaku ら[31]，他の魚は Ishida and Hidaka[24] より引用．

に対する閾値より100倍ほど高い[5].

図3·2は8種の魚での核酸関連物質の刺激効果を比較したものである．UMPは全ての魚で強い刺激効果をもつ．IMPの刺激効果はイサキ[24]，シマイサキ[19]，ブリ[30]で弱いか全くないのに対して，他の魚種ではかなり顕著である．CMPはモツゴ[31]以外では有効でない．ヒガンフグ[32]，イサキ[24]，マアジ[24]では，AMP, ADPとATPの順にリン酸基が増えると応答が増加している．これと全く逆のことがブリ[30]でみられる．イサキ，シマイサキ，ブリではヌクレオシドも種類によっては有効である．これらのことより，アミノ酸の場合と同様，核酸関連物質の味刺激効果も魚種間でかなり異なり，それは各魚種の餌生物の違いを反映しているものと推察される．

3·3 有機酸　モノカルボン酸である蟻酸，酢酸，プロピオン酸，酪酸，吉草酸，カプロン酸などの刺激効果がナマズ[33] (*Silurus asotus*), Atlantic salmon[34]，ゴクラクハゼ[35]，ウナギ[16]，コイ[5]で確認されている．概して，刺激効果は炭素鎖の長さと関係し，長い側鎖をもつほど大きな応答が引き起こされる．閾値はウナギで最も低く，プロピオン酸で10^{-7}～10^{-6} Mの範囲にある．ウナギの味覚器はアミノ酸にも鋭敏に応答するが，受容器はカルボン酸とアミノ酸で異なることが示唆されている．コイではジカルボン酸のシュウ酸，マロン酸，コハク酸，グルタル酸も10^{-3} Mで強い刺激効果がある．一方，シマイサキではクエン酸，コハク酸，プロピオン酸，乳酸，シュウ酸などに10^{-4} Mで殆ど有効でない．ブリでもフマル酸，リンゴ酸，シュウ酸が10^{-2} Mで有効でない[31]．したがって有機酸に対する感受性でも種属差がみられる．

3·4 糖　類　ショ糖に対してはコイ[10]，ナマズ[36]，モツゴ[31]，channel catfish[7], Atlantic salmon[34]，bullhead catfish[37]の淡水魚で応答がみられる．閾値はかなり高く，10^{-3} Mあるいはそれ以上である．コイではGlcとFruにも，モツゴではこれらの糖に加えてMan，マルトース，Galにも応答が得られている．一方，ゴンズイ[12]，タラ[37]，ヒガンフグ[38]，ブリ[30]などの海産魚ではショ糖や他の糖も0.5 Mあるいはそれ以上で有効でないことが明らかにされている．

3·5 その他　ヒガンフグ[39]とpinfish (*Lagodon rhomboides*)[40]で摂餌促進効果が明らかにされているBetは図3·1に挙げた殆どの魚で有効である．

閾値もかなり低く，シマイサキで 10^{-8}～10^{-7} M である[19]．魚の味覚器はこの他様々な塩類，キニーネ，炭酸ガスにも単独で応答する[4,37]．特に後者の2つは摂餌の際には吐き出しとか摂餌以外の機能などに関与している可能性が強い．最近，ニジマスと Arctic char の味覚器がフグ毒（テトロドトキシン）と麻ひ性貝毒のサキシトキシンに鋭敏に応答することが明らかにされている[41]．これもおそらくこれらの魚種は餌中に含まれるこれらの毒を感知し，餌を吐き出して身を守ることに役立てているものと思われる．因みに，我々もヒガンフグの味覚器にフグ毒を与えてみたが，全く応答は得られなかった．

§4. 魚類の味刺激における2試薬間の協同効果

摂餌促進効果を調べる行動実験で単独の物質ではそれほど有効でなくとも，いくつかの味物質を同時に与えると摂餌効果が著しく上がることが，次の章で述べられるように種々の動物で報告されている．このことを説明する一つの可能性として，味受容器に2つの味物質が協同的に働いて，個々の味物質の刺激効果の和よりも大きな効果が生じるという協同効果（synergism）がある．この例として，哺乳類における Glu・Na と 5′-リボヌクレオチドの組み合わせは有名であり，両者を混ぜると味覚神経応答の増強が生じることが明らかにされている[42]．魚の味覚器では，協同効果はこの組合せではみられていないが，アミノ酸同志またはアミノ酸と Bet の組み合わせでみられることがウナギ[16]，ヒガンフグ[22,43]，コイ[44]で明らかにされている．

我々は最近ヒガンフグでの Bet の味応答増強効果を解析した[45]．その結果を要約すると次のようになる．この魚では Bet とアミノ酸に対して，少なくとも Ala 受容器，Pro 受容器，Bet 受容器の3種が存在する．Bet は単独溶液では Bet 受容器を刺激し，他の受容器を刺激することができない．ところが，Ala 受容器を刺激することができる Ala や Gly が存在すると，それと協同的に働きこの受容器の応答を著しく増強する．10^{-4}～10^{-2} M の Bet を先に受容器に与えて続いて連続的に Ala を与える方法で応答濃度曲線を調べると，応答濃度曲線が100倍ほど低い方に移動する．このことより，Bet は Ala 受容器に作用して刺激分子との親和性を高めるものと推察される．協同効果では受容器サイトが増加することも示唆されているが[46]，ヒガンフグでは Bet により増強された応答が飽和する傾向にあり，最大応答値に大きな変化がないことよりこの可能性は排除される．

§5. 無脊椎動物の味覚器の化学物質に対する応答

無脊椎動物では魚ほど味覚と嗅覚の区別が明確でないが，口の周辺や足部などで接触によって生じる化学感覚を味覚とし，ここではその受容器の応答性を電気生理学的に調べたものについて紹介する．現在まで調べられた動物種は少なく，その主なものについて以下に述べる．

ウミザリガニ（*Homarus americanus*）では，触角（嗅覚）とともに歩脚，顎脚での化学受容が調べられている[47~50]，歩脚と顎脚はアミノ酸に鋭敏に応答し，3.5×10^{-4} M の濃度で Glu・Na, Hyp, Asp・Na, Arg, Gly, Tau が特に有効である．その他，NH_4^+，GSH，Bet，ヘモグロビンにもよく応答する．NH_4^+, Glu・Na, Tau の閾値は 10^{-8} M あるいはそれ以下である．魚の味覚器は Tau に殆ど応答しないので，対照的である．触角もこれらの物質に応じる．単一神経線維の応答が解析され，各神経線維の試薬に対する選択性が高いことが触角，歩脚，顎脚いづれでも分かっている．しかし触角では Hyp に歩脚と顎脚では Glu・Na に選択的に応じる線維が多い．この違いはおそらく摂餌行動での嗅覚と味覚の役割の違いを示し，興味深い．ザリガニ（*Austropotamobius torrentium*）の歩脚はアミノ酸，アミン，ピリジンに応答する[51~53]．アミノ酸は Ser>Ala>His>Cys の順に有効で，閾値は Ala と Ser で 10^{-6} M 付近である．ウミザリガニと違い Tau は殆ど効果がなく，ザリガニでもアミノ酸の感受性に差があることが分かる．ピリジン化合物では pyrazinecarboxamide, 3-acetylpyridine, nicotinamide などに応じ，閾値は 10^{-6}～10^{-5} M である．カブトガニ（*Limulus polyphemus*）[4] の歩脚の化学受容器は 0.5 M の濃度で Gly>Tau>Pro>Ala>Glu・Na の順に応答し他のアミノ酸は効果がない．閾値は Gly で 10^{-2}～10^{-1} M とかなり高い．

クモヒトデ（*Ophiura ophiura*）[55] では腕の先端の化学刺激に対して放射状神経索（radial nerve cord）から神経応答が記録されているが，アミノ酸，乳酸，Bet が有効であり，閾値は 10^{-10} M 以下と驚くほど低い．アミノ酸では特に Leu, Lys, Cys などが有効である．ウバガイ（*Spisula sachalinensis*）[56]

では，入水管に分布している神経より応答を記録して，サポニン，無機塩類，アミノ酸のいくつかが有効であると報告されている．15種類のアミノ酸の中で，Glu・Na，Asp・Na，Ala に応答がみられ，閾値は 10^{-3}～10^{-2} M である．

文　献

1) J. S. Kanwal and T. E. Finger: Fish Chemoreception (ed. by T. J. Hara), Chapman & Hall, 1992, pp. 79–102.
2) J. Atema: *Brain Behav. Evol.*, **4**, 273–294 (1971).
3) T. E. Finger and Y. Morita: *Science*, **227**, 776–778 (1985).
4) 日高磐夫：魚類生理学（板沢靖男・羽生功編），恒星社厚生閣，1991，pp. 489–518.
5) T. Marui and J. Caprio: Fish Chemoreception (ed. by T. J. Hara), Chapman & Hall, 1992, pp. 171–198.
6) I. Hidaka, T. Ohsugi, and T. Kubomatsu: *Chem. Senses Flavour*, **3**, 341–354 (1978).
7) J. S. Kanwal and J. Caprio: *J. Comp. Physiol.*, **150**, 345–357 (1983).
8) J. G. Brand and R. C. Bruch: Fish Chemoreception (ed. by T. J. Hara), Chapman & Hall, 1992, pp. 126–149.
9) J. H. Teeter and R. H. Cagan: Neural Mechanisms in Taste (ed. by R. H. Cagan), CRC Press, 1989, pp. 1–20.
10) J. Konishi and Y. Zotterman: *Acta Physiol. Scand.*, **52**, 150–161 (1961).
11) S. Kiyohara, I. Hidaka, and T. Tamura: *Nippon Suisan Gakkaishi*, **41**, 383–391 (1975).
12) J. Konishi, M. Uchida, and Y. Mori: *Jpn. J. Physiol.*, **16**, 194–204 (1966).
13) J. Caprio: *Comp. Biochem. Physiol.*, **52A**, 247–251 (1975).
14) N. Suzuki and D. Tucker: *Comp. Biochem. Physiol.*, **40A**, 399–404(1971).
15) A. M. Sutterlin and N. Sutterlin: *J. Fish. Res. Board Can.*, **28**, 565–572 (1971).
16) K. Yoshii, N. Kamo, K. Kurihara, and Y. Kobatake: *J. Gen. Physiol.*, **74**, 301–317 (1979).
17) S. Kiyohara, S. Yamashita, and S. Harada: *Physiol. Behav.*, **26**, 1103–1108 (1981).
18) T. Marui, S. Harada, and Y. Kasahara: *J. Comp. Physiol. A*, **153**, 299–308 (1983).
19) I. Hidaka and Y. Ishida: *Nippon Suisan Gakkaishi*, **51**, 387–391 (1985).
20) T. Marui, R. E. Evans, B. Zielinski, and T. J. Hara: *J. Comp. Physiol. A*, **153**, 423–433 (1983).
21) W. C. Michel, J. Kohbara, and J. Caprio: *J. Comp. Physiol.* A, **172**, 129–138 (1993).
22) I. Hidaka, N. Nyu, and S. Kiyohara: *Bull. Fac. Fish., Mie Univ.*, **3**, 17–28 (1976).
23) J. Caprio: Chemoreception in Fishes (ed. by T. J. Hara), Elsevier, 1982, pp. 109–134.
24) Y. Ishida and I. Hidaka: *Nippon Suisan Gakkaishi*, **53**, 1391–1398 (1987).
25) W. C. Michel and J. Caprio: *J. Neurophysiol.*, **66**, 247–260 (1991).
26) 鴻巣章二，品川　明：魚介類のエキス成分（坂口守彦編），恒星社厚生閣，1988，pp. 9–24.
27) J. Caprio: *J. Comp. Physiol.*, **123**, 357–371 (1978).
28) T. Marui and S. Kiyohara: *Chem. Senses*, **12**, 265–275 (1987).
29) Y. Goh and T. Tamura: *Comp. Biochem. Physiol.*, **66C**, 217–224 (1980).
30) I. Hidaka, T. Ohsugi, and Y. Yamamoto: *Nippon Suisan Gakkaishi*, **51**, 21–24 (1985).

31) T. Kaku, S. Tsumagari, S. Kiyohara, and S. Yamashita : *Physiol. Behav.*, **25**, 99–105 (1980).

32) I. Hidaka, S. Kiyohara, and S. Oda : *Nippon Suisan Gakkaishi*, **43**, 423–428 (1977).

33) H. Tateda : *Mem. Fac. Sci. Kyushu Univ., Ser. E (Biol.)*, **4**, 95–105 (1966).

34) A. M. Sutterlin and N. Sutterlin : *J. Fish. Res. Bd. Can.*, **27**, 1927–1942 (1970).

35) 吉井清哲・山下　智：鹿児島大学理科報告, **24**, 21–33 (1975).

36) H. Tateda : *Nature*, **192**, 343–344(1961).

37) J. E. Bardach and J. Atema : Handbook of Sensory Physiology, Vol. IV, Chemical Senses 2, Taste (ed. by L. M. Beidler), Springer–Verlag, 1971, pp. 293–336.

38) I. Hidaka, S. Kiyohara, M. Tabata, and K. Yonezawa : *Nippon Suisan Gakkaishi*, **41**, 275–281 (1975).

39) T. Ohsugi, I. Hidaka, and M. Ikeda : *Chem. Senses Flavour*, **3**, 355–368(1978).

40) W. E. S. Carr, A. R. Gondeck, and R. L. Delanoy : *Comp. Biochem. Physiol.*, **54 A**, 161–166 (1976).

41) K. Yamamori, M. Nakamura, T. Matsui, and T. J. Hara : *Can. J. Fish. Aquat. Sci.*, **45**, 2182–2186 (1988).

42) K. Yoshii, C. Yokouchi, and K. Kurihara : *Brain Res. Amst.*, **367**, 45–51 (1986).

43) S. Kiyohara and I. Hidaka : *J. Comp. Physiol. A*, **169**, 523–530 (1991).

44) T. Marui, S. Harada, and Y. Kasahara : Umami : A. Basic Taste (ed. by Y. Kawamura and M. R. Kare), Marcel Dekker, (1987), pp. 185–199.

45) S. Kiyohara, H. Yonezawa, and I. Hidaka : Olfaction and Taste XI (ed. by K. Kurihara, N. Suzuki, and H. Ogawa), Springer–Verlag, 1994, pp. 734–738.

46) K. Torii and R. H Cagan : *Biochem Biophys. Acta*, **627**, 313–323 (1980)

47) B W. Ache and C. D. Derby : *Trends in NeuroSci.*, **8**, 356–360 (1985).

48) C. D. Derby and J. Atema : *J. exp. Biol.*, **98**, 303–315 (1982).

49) C. D. Derby and J. Atema : *J. Comp. Physiol. A.* **146**, 181–189 (1982).

50) F. Corotto, R. Voigt, and J. Atema : *Biol. Bull.*, **183**, 456–462 (1992).

51) U. Bauer, J. Dudel, and H. Hatt : *J. Comp. Physiol. A*, **144**, 67–74 (1981).

52) H. Hatt and I. Schmiedel–Jakob : *J. Comp. Physiol. A.*, **154**, 855–863 (1984).

53) H. Hatt : *J. Comp. Physiol. A*, **155**, 219–231 (1984).

54) W. F. Hayes and S. B. Barber : *Comp. Biochem. Physiol.*, **72 A**, 287–293 (1982).

55) A. Moore and J. L. S. Cobb : *Comp. Biochem. Physiol.*, **82 A**, 395–399(1985).

56) K. Yoshii, N. Kamo. K. Kurihara, and Y. Kobatake : *Comp. Biochem. Physiol.*, **61 C**, 301–307 (1978).

57) H. P. Jeffries : *Limnol. Oceanog.*, **14**, 41–52 (1969).

58) 石田善成：海産魚の味覚応答，三重大学修士論文，1983，77 pp.

59) 帝釈　元：アユの摂餌促進物質に関する生理学的研究，三重大学修士論文，1987，80 pp.

4.　摂餌行動と化学感覚

日 高 磐 夫*・神 原 淳*

種々の水生動物の摂餌行動実験により，水生動物が生物由来の様々な物質に反応することが明らかにされている．摂餌行動を起こさせる物質は，しばしば餌生物の組織中に多く含まれている物質である．一方，I-2，I-3で述べられるように，水生動物は種々の餌成分に対して鋭い化学感覚を発達させており，多くの動物が餌からの化学刺激に依拠した摂餌活動を行っていると思われる．ここでは化学刺激が摂餌行動にどのように関わるかについて考察したい．

§1.　腔腸動物ヒドロ虫類

Hydra 属では神経細胞の集中化はみられず散在神経系をなすが，その捕食行動は，刺胞発射，触手反応，開口反応，飲み込みおよび閉口反応の連鎖反応として起こる．触手に餌が触れると刺胞を発射して毒を注入し，餌生物を麻ひさせると同時に傷口よりの体液の漏出をもたらす．流出した体液中の還元型GSHが触手の受容器を刺激して摂餌反応を起こす．このGSHによる摂餌反応は10^{-6} Mで十分起こる．GSHを餌のほとんど唯一の手掛りとして利用しているのが *Hydra* の特徴である．この特徴は他の腔腸動物でもみられ，2，3種のアミノ酸またはオリゴペプチドが摂餌反応を解発する[1,2]．

§2.　軟体動物

軟体動物に限らず一般的に，摂餌行動（feeding behavior）は，餌から受ける刺激による覚醒（arousal または alert），餌への定位（orientation），移動・探索（locomotion, search）の欲求行動（appetitive phases）と，口内へ取り込んで嚥下する完了行動（consummatory phases）からなる[3]．餌からの化学刺激は各段階の行動に関わると思われるが，各成分がどの段階に関わるかは物質により，濃度により，あるいは他の成分の混在によっても変わりうる

* 三重大学生物資源学部

と考えられる．

2·1 腹足類 アメフラシ科の *Aplysia californica* においては，餌の刺激による覚醒は特徴的な摂餌姿勢に現われる．足の後部を基質に密着させ，足の前部を上げて頭部を高く保ち触角（tentacles）を伸展させ，ゆっくり頭を振って刺激の方向を探る．続いて移動が始まり，時々止まって頭を振る．口唇の動き，口を開く動作も伴う．餌に触れると口を大きく開き歯舌を突き出して嚙みとる．覚醒下では触角に触れるだけでその方へ頭を向け，口の周りに餌を触れさせると，直ちに摂餌（完了）行動が解発される．この反応は紋切り型で，歯舌の前後運動をリズミカルに繰り返す[4~6]．欲求行動と完了行動の運動中枢は分かれていることが，口球神経節の除去および神経節間縦連合の切断実験によって示されている[7]．これは欲求行動と完了行動は連続して起こるものの，互いに独立した行動であることを意味する．摂餌行動に関わる化学刺激の受容部位は，主に2対の頭触角（前・後触角），頭部背側および口器周辺部である[6]．触角の切断実験から，後触角（嗅角突起 rhinophore）は検知に関わり，前触角は突き止めに働くと提唱されている[8]．*Aplysia* の化学刺激に対する感度はかなり高い．*A. californica* は藻食性であるが，紅藻エキスを用いた流水のY–迷路での実験では，エキスの流れてくる流路を 10^{-6} 希釈濃度で検知してその流路へ進み，5×10^{-4} 濃度で開口および嚙反応を示した[5,9]．アミノ酸に対しても敏感で，Glu を 10^{-6}～10^{-7} M で検知し，開口反応を示す[5]．Glu は藻類のエキス中に多く含まれているアミノ酸である[10]．しかし，このような誘引効果を示す物質が少なくとも単独では完了行動を刺激しない場合も多く，Glu についても，アメフラシ（*A. kurodai*）においては 10^{-2} M（寒天に添加）でも摂餌（完了行動）刺激効果はきわめて弱い．対照的に，でん粉はアメフラシに対する摂餌刺激物質で，0.1 g/ウェーファー（寒天 12 g）で摂取され，濃度とともに摂取量は増大する[11]．*A. californica* では，前触角の化学受容器の感受性が頭部神経節の電気的応答を記録して調べられ，上記の紅藻エキスの刺激に対して行動における検知閾値に近い（5～15倍高い）濃度で応答が得られている[9]．ウミフクロウ科の *Pleurobranchaea californica* は肉食性種で，吻が発達しており，吻伸展を伴う摂餌行動を示す[12]．イカ抽出液に対して 10^{-4} 希釈濃度で吻伸展，10^{-3} 付近で嚙反応がみられている[13]．ヒラマキガイ科の淡水

産草食性種 *Biomphalaria glabrata* はレタスを好むが，触角をレタス抽出液で刺激すると刺激の方向を向く．その閾値は 10^{-5}～10^{-6} 希釈濃度付近である[14]．この貝は種々の有機酸や糖に応答し，酪酸およびマルトースの誘引閾値はともに 5×10^{-6}～5×10^{-7} M で[15,16]，摂餌刺激閾値は誘引閾値の10～100倍高い[15,17]．クロアワビ（*Haliotis discus*）においては褐藻が誘引効果をもつが[18]，イシゲ（*Ishige okamurai*）のエキスではアミノ酸や揮発性塩基などの他，タンパク画分や脂質画分に効果が認められる[19]．ワカメ（*Undaria pinnatifida*）からは摂餌刺激活性を示す脂溶性の複合脂質が分離されている[20]．これらの脂質は30～60 μg/サンプル・ゾーン（約 2.5 cm 径の円）で有効である．さらに数種の腹足類に有効な脂溶性摂餌刺激物質がアナアオサ（*Ulva pertusa*）からも分離されている[21,22]．このような完了行動刺激型の物質についての知見は極めて少ないのが現状である[21]．オリイレムシロガイ科の肉食性種 *Nassarius obsoletus* も吻を伸展させて探索行動をとるが[23]，この吻反応に対する種々の動物組織中の主刺激成分はタンパク質ないしペプチドと考えられる高分子である[24]．カキナカセガイ（*Urosalpinx cinerea*）においてもカキ抽出液の高分子画分が誘引効果を示す[25]．

2·2 頭足類　マダコ（*Octopus vulgaris*）では AMP，Glu，Gly などに走化性を示し，AMP には 10^{-7} M で覚醒，10^{-6} M で誘引効果がみられる．Glu や Gly はいずれも 10^{-4} M で検知されるが，誘引効果は 10^{-3} M でも弱い[26]．マダコ科の *Eledone cirrhosa* においても 10^{-4} M のアミノ酸，Bet，乳酸などに対して体の動きや呼吸頻度の変化が現われる[27]．化学受容器の所在は不明であるが，腕の吸盤に密に存在する化学受容器と目される細胞が候補に挙げられている[26]．

§3. 節足動物甲殻類

3·1 ザリガニ族　ウミザリガニ（*Homarus americanus*）の摂餌行動では，覚醒は第1触角を振り動かす動作（flicking）の頻度の増加，顎脚外肢の鼓動，第2触角を揺らす動作などに認められる．探索行動は歩行を伴うが，歩脚を延ばして基質を探る．第2触角で基質の上を走査することもある．餌に触れると素早く近寄り，歩脚で摑まえて口へ運ぶ．歩脚の前2対（第2，第3歩脚）は有鋏で，餌の認識や処理をする[28]．摂餌行動の化学刺激については，アミノ酸や有機酸が 0.7 ppm（10^{-5}～10^{-6} M）で探索行動を引き起こすことが報告されている[29]．摂餌刺激については，餌を口へ運ぶ際に歩脚指節の握り反応（dactyl clasping）がみられることから，直接指節を刺激してこの反応を調べた研究がある．貝エキス成分の刺激効果を調べたもので，22成分からなる合成エキスは 10^{-3} 希釈濃度で有効であったが，主要な成分の単独での効果はいずれも極めて弱く，NH_4^+ のみが，10^{-3} より高い濃度で，有効であった[30]．なおこの指節反応は指節を蒸留水に浸して受容器の感受性を麻ひさせると失われることから，指節の化学受容によって起こると解釈される[28]．このような歩脚指節の化学刺激による摂餌反応の発現は後述のようにクルマエビでも指摘されている．ウミザリガニの第1触角[31]，第2触角[32]，歩脚[33]および顎脚[34]の化学受容器は種々の物質に対して感受性を示す（I－2，I－3章参照）．各部位の受容細胞には特定の物質によく応答するスペシャリスト的な細胞が多くみられるが，第1触角と第2触角には Hyp によく応答する細胞が多く，一方，歩脚と顎脚には Glu に応答する細胞が多くみられる[32]．これは部位による役割の違いを窺わせる．

3·2 イセエビ族　*Panulirus argus* においても *Homarus* 同様，化学刺激による覚醒は第1触角のフリッキングの増加に現われる．アミノ酸などに対するこのフリッキング応答の閾値は極めて低いが[35]，第1触角の化学受容器の電気的応答の閾値もこのフリッキング応答の閾値に近い値が報告されている[36~38]（表 4·1）．*P. interruptus* のアワビ筋エキスに対する摂餌行動反応を調べた報告では，検知閾値が 10^{-8}～10^{-10} g/l で，その 10^2～10^4 倍の濃度で歩脚による局所的探索行動が起こり，さらに100倍高い濃度になって移動がみられている．このことは，索餌行動において，低濃度の刺激によって休息状態の動物にいきなり遠距離の探索行動が解発されるのではなく，先ず覚醒状態が起こり，刺激濃度の上昇に伴って覚醒状態が修飾されて非移動性の索餌行動が起こり，その後に遠距離移動が起こることを示唆する[39]．これは他の動物についても大なり小なり共通することと思われ，感覚器の感度と摂餌行動との関係について極めて示唆的である．探索行動は第1触角の切断により損なわれることが種々の十脚類で知られているが，*P. argus* では第1触角の外肢が主要な働きをする[40]．

表 4·1 餌成分に対する腹足類および甲殻類の摂餌行動閾値

動物 種名	食性*1	刺激物質	摂餌行動 観察項目	閾値*2	備考	文献
腹足類						
Haliotis discus	H	複合脂質	摂取	30～60 μg/ゾーン	サンプル・ゾーン，径 2.5 cm 円	(20)
Nassarius	O	Gly	吻探索	10^{-5} M		(23)
obsoletus		乳酸		5×10^{-4} M		
Urosalpinx cinerea	C	貝エキス高分子	誘引	μg/*l*		(25)
Aplysia	H	紅藻抽出液	探索行動	10^{-6} 希釈液		(5, 9)
californica			嚙反応	5×10^{-4} 〃		
		Glu, Asp	探索行動	10^{-5}～10^{-7} M		
Aplysia kurodai	H	Glu（寒天添加）	摂取	10^{-3} M	10^{-2} M で摂取量増大せず	(11)
		でん粉（〃）		0.1 g/12 g 寒天	濃度とともに摂取量増大	
Pleurobranchaea	C	イカ抽出液	吻伸展	10^{-3}～10^{-4}	oral veil を刺激	(13)
californica			嚙反応	10^{-3}～10^{-4}		
Biomphalaria	H	酪酸	検知	5×10^{-6}～5×10^{-7} M		(15)
glabrata			口球反応	10^{-4}～10^{-5} M		
		マルトース	誘引	5×10^{-6}～5×10^{-7} M		(16)
			口球反応	5×10^{-5} M		(17)
甲殻類						
Gnathohausia	C, Z	Glu＋Tau＋α-ABA	内肢伸展	10^{-10}～10^{-11} M	[受容器閾値] 指節：6×10^{-8} M；	(51)
ingens					触角：5×10^{-7} M	

Panulirus argus	C	AMP	検知	$<10^{-9}$ M	［受容器閾値］	(35)
		Tau		10^{-8} M	第1触角；Tau, 10^{-8}～10^{-9} M	(36)
Panulirus interruptus	C	アワビ筋抽出液	検知	10^{-8}～10^{-10} g/l		(39)
		(凍結乾燥)	歩脚探索	10^{-6} g/l		
			移動	10^{-4} g/l		
Homarus americanus	C	Ala, Glu, コハク酸	歩行探索	0.7 ppm	最低試験濃度	(29)
		合成貝エキス	歩脚指節	10^{-3} で有効	［受容器閾値］	(30)
		合成貝エキス成分	反応	単独では NH_4^+ のみ	第1触角：Hyp, 5×10^{-8} M	(31)
				10^{-3} 以上で有効	第2触角： 〃 , 10^{-7}～10^{-8} M	(32)
					歩脚：NH_4^+, 3.5×10^{-8} M	(37)
					第3顎脚：Glu, 10^{-7} M	(34)
Callinectes sapidus	C	貝抽出液	検知	10^{-15} g/l		(48)
		(凍結乾燥)	摂取	10^{-1}～10^{-3} g/l		
Cancer irroratus		貝抽出液	検知	10^{-10} g/l		(47)
		(凍結乾燥)	探索行動	10^{-6} g/l		
Cancer magister		貝抽出液	検知	10^{-10} g/l		(46)
		(凍結乾燥)	摂取	10^{-2} g/l		
Uca minax	B, D	Glc, Gal	摂取	1.6×10^{-2} M	砂に添加	(50)
Uca pugilator	B, D	Ser	摂取	10^{-1} M	〃	(49)
			ショ糖, マルトース	10^{-2} M		

*1 B，ベントス食性；C，肉食性，D，デトライタス食性；H，草食性，；O，雑食性，Z，動物プランクトン食性.

*2 閾値の基準は研究者間で一致していない.

Panulirus 属の第2触角も化学感受性を示すことがイセエビ (*P. japonicus*) で調べられている[41]．*P. argus* および *P. interruptus* では，摂餌行動に及ぼす複数の刺激物質の協同効果が検討され，アミノ酸同志やアミノ酸と AMP[35,42]，アミノ酸やモノカルボン酸と NH_4^+ または尿素[43]との混合によって，触角のフリッキング反応や探索行動に対する刺激効果が各物質の単独での効果から期待されるよりも低下する例が報告されている．また，逆に混合により促進される場合もみられる[43]．これらの現象は，天然餌料の化学的な刺激作用が成分間の複雑な協同効果の総合されたものであることを認識させる．複数物質による抑制や増強効果は受容器応答でもみられる[44]．

3·3 遊泳類　クルマエビ (*Penaeus japonicus*) の鋏脚の指節を貝エキス，Glu，イソブチルアルデヒドなどで刺激すると脚が口へ行き，同時に口器が開閉する反応がみられる[45]．この口器の反応は指節の化学刺激によって惹き起されるもので，脚が口に触れる動作とは関係なく起こる．

3·4 蟹類　イチョウガニ科の *Cancer magister* では，貝の凍結乾燥エキスに対して 10^{-10} g/l で第1触角のフリッキング頻度の増加を示したのに対して，鋏脚による探索行動は第1触角のフリッキング閾値の 10^8 倍の濃度で起こっている[46]．同様な検知閾値と探索行動閾値との大きな隔たりは *C. irroratus*[47] やワタリガニ科の *Callinectes sapidus*[48] でもみられている．スナガニ科 *Uca* 属のカニは潮間帯に生息し堆積物食性であるが，*U. pugilator* の場合，摂餌は小鋏脚で基質粒子を口へ運んで行う．このカニに試料を砂に含ませて摂餌量(作られた吐出塊数/3h) を調べた実験で，アミノ酸やショ糖，マルトーズなどの糖を摂取すること，珪藻，藍藻類，細菌などにも摂餌行動を示すことが報告されている[49]．アミノ酸より糖に強い嗜好性を示すのがこのカニの特徴である．*U. minax* および *U. pugnax* も糖に摂餌行動を示す[50] (表 4·1)．

3·5 アミ類　水深 400～500 m の深海浮遊性種 *Gnathophausia ingens* でも，Glu, Tau および α-ABA の混合液に対して 10^{-10}～10^{-11} M で顎脚内肢を伸展させて摂餌反応を示す[51]．

§4. 棘皮動物星形類

スナヒトデ科の *Luidia clathrata* は，砂泥中の動物やデトライタスを食するが，種々のアミノ酸や糖に感受性を示す．行動反応には，(1)腕部の先端を上げる，(2)基質から這い出る，(3)這い出た後動き回る，の3タイプが観察されるが，アミノ酸で最も高い感度を示す Cys の(1)，(2)および(3)の閾値は各々 8×10^{-7}, 1×10^{-5} および 1.3×10^{-5}M で，他のアミノ酸についても概して濃度依存的に3段階の行動を示す[52]．ヒトデ科の *Marthasterias glacialis* では，乳酸や Cys などのアミノ酸の刺激に対して，摂餌姿勢，胃外反，移動の行動がみられる．この種では D-乳酸および数種の D-アミノ酸が L-型のものと同様の効果を示すという[53]．クモヒトデ科の *Ophiura ophiura* においても，定位，移動，腕巻きなどの行動が観察される．種々のアミノ酸に対して 3×10^{-9}～3×10^{-7}M で歩行反応がみられるが，腕巻きは Pro に対してのみ起こり，閾値は 10^{-5}M であった[54]．ヒメヒトデ科の懸濁物食性種 *Echinaster echinophorus* は中性アミノ酸より Glc により強く刺激される[55]．

§5. 魚　　類

魚類では嗅覚器が遠隔受容器として，味覚器が接触受容器として摂餌行動に関与するとされてきた[56]．近年，電気生理学的方法によって両感覚器の応答性が多くの研究者によって調べられた．その結果，嗅覚器はアミノ酸などの餌成分の他，性ホルモンやフェロモンなど，生殖行動や他の行動生態と関係すると思われる種々の物質に応答すること[57,58]（I－2章参照），一方，味覚器はアミノ酸，核酸関連物質，有機酸などの餌成分によく応答することが明らかになった[59]（I－3章参照）．アミノ酸に対する両感覚器の応答性を比較すると，嗅覚器は多くのアミノ酸に応答し，概して感度が高い．これに対して，味覚器は魚種により応答するアミノ酸が少しずつ異なり，概して嗅覚器より感度が劣る．嗅上皮または嗅球での各アミノ酸に対する応答の相対的な大きさは食性に関わらず魚種間で比較的類似しており[60]，これに対し，味覚器のそれには魚種による差異が認められる．たとえば沿岸の多くの無脊椎動物食性の魚種は Gly や Ala に対して，相対的に高い感度を示すのに対して表層種ではあまり高くない．また藻食性種のアイゴ（*Siganus tuscescens*）は Glu に対する相対的感度が肉食性種に比較して高い[58,61]，このような味覚器の傾向は，食性との密接な関連を窺わせる．Gly や Ala は無脊椎動物の体組織に多く含まれるアミノ酸であり[62]，

Gluは上述したように藻類のエキス中に多い．味覚器のアミノ酸に対する感度は，魚種によっては極めて高く（channel catfish *Ictalurus punctatus*[63]；モツゴ *Pseudorasbora parva*[64]；シマイサキ *Therapon oxyrhynchus*[65]），channel catfish の味覚器の感度は嗅覚器のそれに匹敵する[63]．*Ictalurus* では味蕾が触鬚をはじめ体表全体に密に分布している[66]．これは環境からの情報の収集の意味をもつ．味覚中枢においても延髄の顔面葉の発達が著しく，各部位からの味覚神経の投射は局所解剖学的に見事な対応を示す[67]．行動実験においても，*Ictalurus* では嗅覚を遮断しても遮断以前と同程度の閾値で索餌行動がとれること[68]，その行動に触鬚が重要に働くこと[69]が示されている．シマイサキ味覚器の Gly に対する閾値も 10^{-9}～10^{-10} M に達する．これは，沿岸海水中に検出される Gly の濃度が一般に 10^{-8}～10^{-7} M であることから[70,71]，背景濃度までの濃度範囲をカバーできる感度である．

魚類においても餌に含まれる種々の物質が誘引効果を示す．channel catfish の学習実験での探索行動に対するアミノ酸の閾値は最も低い Cys や Arg で 10^{-9} M であった[68]．これは，この魚種の嗅覚器および味覚器の両アミノ酸に対する応答閾値[63]にほぼ等しい．このことは，感覚器の感度の高い魚種では単一物質が極めて低い濃度で探索行動を起こし得ることを示唆する．餌生物のエキス成分の誘引効果を検討した研究では，分画が進むほど個々の画分の誘引効果が減少する例[72]が多い．これは，エキスの効果が複数の物質による複合効果によることを示唆する．摂餌刺激に関する研究も，エキス成分を中心に，支持材に添加して投与する方法などで調べられており，種々の成分が刺激物質として認められているが[56,59]，一般に，個々の成分の効果はエキスそのものより劣り，成分間の協同効果が重要であることを示唆する．筆者らは数年来でん粉にエキス成分を添加してブリ若魚に対する摂餌刺激効果を調べているが，スルメイカ筋肉エキスの効果を調べた実験で，エキス成分を(1)味覚器を刺激するアミノ酸，(2)味覚器を刺激しないアミノ酸，(3)Bet，(4)核酸関連物質，(5)有機塩基の5群に分けてオミッションテストを行った結果，(1)に，(1)～(5)を含むエキスに近い摂餌刺激効果が認められた．(4)も単独ではほとんど摂取されなかったが，(1)との間に協同効果が認められた．(4)の各ヌクレオチドも味覚器に対して刺激効果をもつ．このように摂餌刺激効果をもつ物質が並行して味覚器に対しても刺激効果を示す例は多くの魚種でみられる[56,59]．したがって，摂取あるいは完了行動においては味覚が密接に関与するものと思われる．上記の(1)〜(5)からなる合成エキスは天然の筋肉抽出液に匹敵する刺激効果を示したが，希釈によってその効果は急激に減少し，100倍希釈ではほとんど摂取されなくなった．希釈による急激な刺激効果の低下は，天然の筋肉抽出液についても同様であった[73]（図 4·1）．なお合成エキスに対する味覚器の応答閾値は 10^{-5} 希釈濃度付近で，嗅覚の第1次中枢である嗅球での応答閾値は 10^{-8} 付近であった[59]．このことは，摂取閾値と検知閾値との間には大きな隔たりがあることを示唆すると同

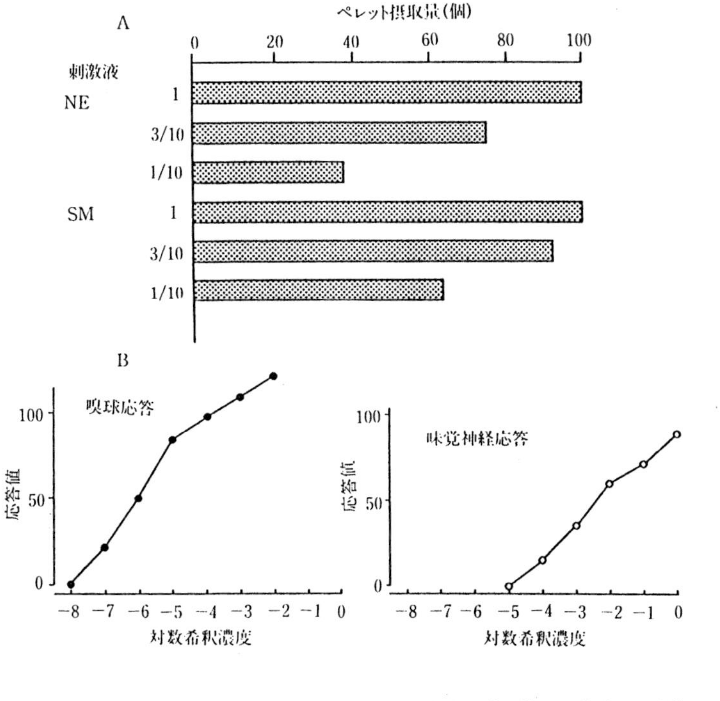

図 4·1 スルメイカ筋肉合成エキスのブリ若魚に対する摂餌刺激効果[73]及び嗅覚器・味覚器に対する刺激効果[59]．

A：NE，天然エキス．SM，合成エキス．各々を含むでん粉ペレットを20尾の魚群当り100個投与して1分後の摂取量を調べた．濃度は100 g 筋肉相当量を100 m*l* 海水に溶解した濃度を1とした．B：嗅球応答および味覚神経応答は各々 10^{-4} M Gln および 10^{-2} M Trp の応答値を100として相対値で示した．本文参照．

時に，摂取行動を起こさせるエキス濃度は生体組織中濃度から大きくは下らないことを示唆する．同様な結果はマアジ筋肉抽出液についても得られている[74]．

文献

1) 小泉 修：摂食行動のメカニズム（森田弘道・久保田 競編），産業図書，1982，pp. 147-166.

2) H. M Lenhoff and K. J. Lindstedt: Chemoreception in Marine Organisms (ed. by P. T. Grant and A. M. Mackie), Academic Press, 1974. pp. 143-175.

3) A. J. Kohn: The Mollusca. Vol. 5, Physiology, Part 2 (ed. by A. S. M. Saleuddin and K. M. Wilbur), Academic Press, 1983, pp. 1-63.

4) I. Kupfermann, T. Teyke, S. C. Rosen, and K. R. Weiss: *Biol. Bull.*, **180**, 262-268 (1991).

5) B. Jahan-Parwar: *Am. Zoologist*, **12**, 525-537 (1972).

6) R. J. Preston and R. M. Lee: *J. Comp. Physiol. Psychol.*, **82**, 368-381 (1973).

7) I. Kupfermann: *Bahav. Biol.*, **10**, 89-97 (1974).

8) T. E. Audesirk: *Behav. Biol*. **15**, 45-55 (1975).

9) B. Jahan-Parwar: Olfaction and Taste V (ed. by D. A. Denton and J. P. Coghlan), Academic Press, 1975, pp. 133-140.

10) 伊藤啓二：日水誌，**35**，116-129 (1969).

11) T. H. Carefoot: *Mar. Biol.*, **68**, 207-215 (1982).

12) W. J. Davis and G. J. Mpitsos: *Z. vergl. Physiol.*, **75**, 207-232 (1971).

13) W. J. Davis, G. J. Mpitsos, and J. M. Pinneo: *J. Comp. Physiol.*, **90**, 207-224 (1974).

14) C. R. Townsend: *Behav. Biol.*, **11**, 511-523 (1974).

15) J. D. Thomas, C. Kowalczyk, and B. Somasundaram: *Comp. Biochem. Physiol.*, **93 A**, 899-911 (1989).

16) J. D. Thomas: *Comp. Biochem. Physiol.*, **83 A**, 457-460 (1986).

17) J. D. Thomas, P. R. Sterry, H. Jones, M. Gubala, and B. M. Grealy: *Comp. Biochem. Physiol.*, **83 A**, 461-475(1986).

18) K. Harada and O. Kawasaki: *Nippon Suisan Gakkaishi*, **48**, 617-622 (1982).

19) K. Harada, S. Maruyama, and K. Nakano: *Nippon Suisan Gakkaishi*, **50**, 1541-1544 (1984).

20) K. Sakata and K. Ina: *Nippon Suisan Gakkaishi*, **51**, 659-666 (1985).

21) 坂田完三：海洋生物のケミカルシグナル（北川 勲・伏谷伸宏編），講談社サイエンティフィク，1989，pp. 7-46.

22) K. Sakata, K. Kato, Y. Iwase, H. Okada, K. Ina, and Y. Machiguchi: *J. Chem. Ecol.*, **17**, 185-193 (1991).

23) W. E. S. Carr: *Biol. Bull.*, **133**, 90-105 (1967)

24) W. E. S. Carr, E. R. Hall, and S. Gurin: *Comp. Biochem. Physiol.*, **47 A**, 559-566 (1974)

25) D. Rittschof, R. Shepherd, and L. G. Williams: *J. Chem. Ecol.*, **10**, 63-79 (1984)

26) R. Chase and M. J. Wells: *J. Comp. Physiol. A*, **158**, 375-381 (1986)

27) P. R. Boyle: *J. Exp. Mar. Biol. Ecol.*, **104**, 23-30 (1986).

28) C. D. Derby and J. Atema: *J. Exp. Biol.*, **98**, 317-327 (1982).

29) D. W. McLeese: *J. Fish. Res. Bd. Canada*, **27**, 1371-1378 (1970).

30) P. F. Borroni, L. S. Handrich, and J. Atema: *Behav. Neurosci.*, **100**, 206-212 (1986).

31) P. Shepheard: *Mar. Behav. Physiol.*,

2, 261–273 (1974).

32) R. Voigt and J. Atema : *J. Comp. Physiol. A,* **171,** 673–681 (1992).

33) B. R. Johnson, R. Voigt, P. F. Borroni, and J. Atema : *J. Comp. Physiol. A,* **155,** 593–604 (1984).

34) F. Corotto, R. Voigt, and J. Atema : *Biol. Bull.,* **183,** 456–462 (1992).

35) P. C. Daniel and C. D. Derby : *Physiol. Behav.,* **49,** 591–601 (1991).

36) Z. M. Fuzessery, W. E. S. Carr, and B. W. Ache : *Biol. Bull.,* **154,** 226–240 (1978).

37) C. D. Derby and J. Atema : *J. Exp. Biol.,* **98,** 303–315 (1982).

38) W. E. S. Carr, R. A. Gleeson, B. W. Ache, and M. L. Milstead : *J. Comp. Physiol. A,* **158,** 331–338 (1986).

39) R. K. Zimmer-Faust and J. F. Case : *Biol. Bull.,* **164,** 341–353 (1983).

40) P. B. Reeder and B. W. Ache : *Anim. Behav.,* **28,** 831–839 (1980).

41) K. Tazaki and Y. Shigenaga : *Comp. Biochem. Physiol.,* **47 A,** 195–199 (1974).

42) J. B. Fine-Levy and C. D. Derby : *Chem. Senses,* **17,** 307–323 (1992).

43) R. K. Zimmer-Faust, J. E. Tyre, W. C. Michel, and J. F. Case : *Biol. Bull.,* **167,** 339–353 (1984).

44) C. D. Derby and J. Atema : Sensory Biology of Aquatic Animals (ed. by J. Atema, R. R. Fay, A. N. Popper, and W. N. Tavolga), Springer-Verlag, 1988, pp. 365–385.

45) 竹井　誠・藍　尚礼：東海水研報, **75,** 55–61 (1973).

46) W. H. Pearson, P. C. Sugarman, and D. L. Woodruff : *J. Exp. Mar. Biol. Ecol.,* **39,** 65–78 (1979).

47) S. Rebach, D. P. French, F. C. von Staden, M. B. Wilber, and V. E. Byrd : *J. Crust. Biol.,* **10,** 213–217 (1990).

48) W. H. Pearson and B. L. Olla : *Biol. Bull.,* **153,** 346–354 (1977).

49) J. R. Robertson, J. A. Fudge, and G. K. Vermeer : *J. Exp. Mar. Biol. Ecol.,* **53,** 47–64 (1981).

50) D. Rittschof and C. U. Buswell : *Chem. Senses,* **14,** 121–130 (1989).

51) Z. M. Fuzessery and J. J. Childress : *Biol Bull.,* **149,** 522–538 (1975).

52) J. B. McClintock, T. S. Klinger, and J. M. Lawrence : *Mar. Biol.,* **84,** 47–52 (1984).

53) T. Valentinčič : *J. Comp. Physiol. A,* **157,** 537–545 (1985).

54) T. Valentinčič : *Chem. Senses,* **16,** 251–266 (1991).

55) J. C Ferguson : *Biol. Bull.,* **136,** 374–384 (1969).

56) 日高磐夫：魚類の化学感覚と摂餌促進物質（日本水産学会編），恒星社厚生閣，1981, pp. 75–84.

57) 小林　博・郷　保正：魚類生理学（板沢靖男・羽生　功編），恒星社厚生閣，1991, pp. 471–487.

58) T. J. Hara : Behaviour of Teleost Fishes (ed. by T. J. Pitcher), Chapman & Hall, 1993, pp. 171–199.

59) 日高磐夫：魚類生理学（板沢靖男・羽生　功編），恒星社厚生閣，1991, pp. 489–518.

60) Y. Ishida and H. Kobayashi : *J. Fish Biol.,* **41,** 737–748 (1992).

61) Y. Ishida and I. Hidaka : *Nippon Suisan Gakkaishi,* **53,** 1391–1398 (1987).

62) 鴻巣章二・品川　明：魚介類のエキス成分（坂口守彦編），恒星社厚生閣，1988, pp. 9–24.

63) J. Caprio : *J. Comp. Physiol.,* **123,** 357–371 (1978).

64) S. Kiyohara, S. Yamashita, and S. Harada: *Physiol. Behav.,* **26,** 1103–1108 (1981).

65) I. Hidaka and Y. Ishida : *Nippon Suisan Gakkaishi,* **51,** 387–391 (1985).

66) J. Atema : *Brain Behav. Evol.,* **4,** 273–294 (1971).

67) T. E. Finger : *J. Comp. Neur.,* **165,** 513–526 (1976).

68) K. N. Holland and J. H. Teeter: *Physiol. Behav.*, **27**, 699–707 (1981).

69) J. E. Bardach, J. H. Todd, and R. Crickmer: *Science,* **155,** 1276–1278 (1967).

70) J. E. Hobbie, C. C. Crawford, and K. L. Webb: *Science.*, **159,** 1463–1464 (1968).

71) M. E. Clark, G. A. Jackson, and W. J. North: *Limnol. Oceanogr.*, **17,** 749–758 (1972).

72) 橋本芳郎・鴻巣章二・伏谷伸宏・能勢健嗣：日水誌, **34,** 78–83 (1968).

73) 福田一弥・神原　淳・曽　嵴・日高磐夫：日水誌, **55**, 791–797 (1989).

74) 神原　淳・福田一弥・日高磐夫：日水誌, **55**, 1343–1347 (1989).

Ⅱ. 刺激物質

5. タンパク質とペプチド

金 沢 昭 夫*1

§1. タンパク質

魚介類に対するタンパク系ホルモンやタンパク系毒などの刺激作用，あるいはイカ・魚内臓の部分加水分解物などの摂餌刺激作用を除くと，タンパク質自身の摂餌刺激作用は弱いものと考えられる．一般に魚介類に対する飼料の基幹素材であるフィッシュミール，イカミール，エビミールなどの摂餌刺激物質は，主成分のタンパク質よりも，これらのミールに含まれるエキス成分によるものである．Harada and Hirano[1] および Harada ら[2]はクロアワビ稚貝に対し，海藻イシゲのタンパク質画分に摂餌誘引活性を見出し，タンパク質—脂質画分およびタンパク—脂質—アミノ酸画分，または Bet の組合せにおいて強い摂餌誘引効果を認めている．

§2. 低分子窒素化合物

一般に窒素化合物では，タンパク質よりアミノ酸・ペプチドなど低分子化合物の方が摂餌行動の化学刺激が増進する．魚介類に対して摂餌誘引活性の強い Gly および Ala を，そのペプチドと比べると，Hara[3]はニジマスの嗅球応答による電気生理学的方法，室伏ら[4] はマダイのついばみ回数による行動観察方法により，ジおよびトリペプチドより遊離アミノ酸の方が活性が高いと報告しているが，ペプチドの中には同等またはより強い活性を有するものも存在する．

Ala, Ser, Gly の単独区，Ala+Met，Ala+Ser，Ala+Gly の混合区および Ala−Met*2，Ala−Ser，Ala−Gly−Gly のジおよびトリペプチドの添加

---

*1 鹿児島大学水産学部

*2 Ala−Met は Alanyl−Methionine のジペプチドを表す（以下同じ）．

区を設け，マダイの仔魚について比較した．タンパク質資源として，カゼインとホワイトフィッシュミール，炭水化物源としてデキストリン，脂質源としてイカ肝油，n-3 高度不飽和脂肪酸（エスター 85），大豆レシチン，バインダーとしてゼインを用いる微粒子飼料（表 5·1）を基本飼料としてアミノ酸またはペプチドを 0.5% 添加した．飼料サイズは 0.25〜0.5 mm とし，ふ化後 28 日齢，全長 5.07±0.58 mm のマダイ仔魚を100 l 水槽に 700 尾ずつ収容し，午前中は30分毎，午後は 1 時間毎に給餌し，30日間飼育した．その結果，Gly，Ala+Gly, Ala−Ser および Ala−Gly−Gly 添加区は良好な成長を示している（表 5·2）（金沢：未発表）．

電気生理学的方法，行動学的方法および飼料栄養学的方

表 5·1　マダイ仔魚用ゼイン微粒子飼料の組成

組　成	%
カゼイン	30.00
ホワイトフィッシュミール	30.00
Lys 塩酸塩	1.90
Arg 塩酸塩	1.35
Thr	0.52
Ile	0.39
His	0.20
Val	0.14
デキストリン	8.00
ビタミン混合物	6.00
ミネラル混合物	5.00
イカ肝油	4.00
n-3 系高度不飽和脂肪酸	1.00
大豆レシチン	3.00
ゼイン	8.00
ペプチド	0.50
合　計	100.00

表 5·2　マダイ仔魚の成長および生残に対するアミノ酸およびペプチドの効果

試験区	飼育終了時*1		
	全長 (mm)*2	体重 (mg/尾)	生残率 (%)
Ala	18.79±2.53	112	54.4
Ser	18.26±2.20	93	65.5
Gly	21.25±2.58	154	54.5
Ala+Met	18.16±2.11	103	59.3
Ala+Ser	18.44±2.70	101	59.5
Ala+Gly	22.51±2.83	185	38.9
Ala−Met	19.78±2.39	109	63.7
Ala−Ser	23.50±2.45	188	68.5
Ala−Gly−Gly	22.53±2.06	186	78.0
Free	19.65±3.90	108	45.7

*1 飼育期間＝30日
*2 飼育開始時全長＝5.07±0.58 mm

法を比較すると，味覚器を刺激するアミノ酸が必ずしも摂餌行動を刺激するとはかぎらず，とくに飼料栄養学的方法では，魚類の年齢，飼料の形状，物性，摂餌後消化吸収，体内運搬・代謝，ペプチド自身のホルモン様生理活性なども含まれるので，化学物質としての応答は複雑である[5]．味蕾が最初に出現する時期は魚種によって異なり，コイではふ化後8時間，ティラピアではふ化後1日の仔魚で味蕾の形成が始まる．海産魚は淡水魚に比較するとおそく，ヒラメではふ化後数日，マダイではふ化後15日位といわれている[6,7]．

伊奈・古林*3は魚粉中の摂餌誘引物質を検索し，Glyを多量に含むペプチド，Lys，魚粉の色素が中心で，これらにGly，Alaなどの中性アミノ酸が加って活性を表わしているものと判断している．

Sangsterら[8]はイサキ科の魚（*Bathystoma rimator*）に対する活性物質として，フネガイ科の貝（*Arca zebra*）からアルカミン（Arcamine），またスイショウガイ科の貝（*Strombus gigas*）からストロンビン（Strombine）を分離し，これら両物質は10^{-8}g/lの濃度で前記イサキ科の稚魚を誘引するということは，古くから知られている．

原田*4はアワビ，ドジョウおよびブリに対するジペプチドの摂餌誘引活性を魚の行動学的手法で求めている．その結果，Gly基盤のジペプチドの中でGly-Alaが3魚種に誘引性を示し，Arg基盤のジペプチドはArg-Ala，Arg－Asp，Arg－Gluが有効であった．この中でAspとGluはドジョウに対して忌避物質であるが，ペプチドになって忌避性が消失するという．

§3. 摂餌促進物質の同定方法

魚介類の摂餌促進物質の活性同定法は，電気生理学的方法による味覚刺激強度や摂餌行動学的方法による摂餌促進活性を判定するよりも，摂餌量を基準にする方が適当ではないかと考えられる．とくに養殖魚では，摂餌量が増加し，短期間で最大の成長を計ることが要求される．したがって養殖魚の摂餌促進物質の活性判定には，カゼインなどを主体にする精製あるいは準精製基本飼料を用いて，種々の化学物質を添加し，一定期間における摂餌量を測定し，さらに

*3 伊奈和夫・古林祐二：昭和52年度日本農芸化学会大会講演要旨集，p. 380 (1977).
*4 原田勝彦：平成元年度日本水産学会春季大会講演要旨集，p. 42 (1989).

増重率などを用いることが多い．とくにふ化仔稚魚およびエビ・貝類の幼生については，摂餌量を測定することは困難なため，成長で判定することになる．

§4.　微粒子人工飼料の摂餌性

マダイなど海産魚のふ化仔魚はサケなど淡水魚に比較して小さく，配合飼料を摂取しにくく，初期飼料としては，もっぱら生物餌料が用いられてきた．しかしながら，種苗生産の増大を図るためには，生物餌料に代わる 10～300μm の微粒子人工飼料[9~11]の開発が必要で，微粒子飼料による魚類，甲殻類，貝類の幼生飼育についての問題点は，いかにして微粒子人工飼料をふ化仔魚・幼生に摂餌させるかである．各魚種に適合した摂餌誘引物質を含有する微粒子飼料を作成し，投餌後摂餌までは水中では飼料の栄養素が保持され，一方，摂餌誘引物質は少しずつ溶出し，仔稚魚やエビ・貝類幼生の化学感覚を刺激して，索餌および摂餌行動を起こさせなければならない．魚介類の幼生・仔稚魚の微粒子飼料ないし初期餌料における摂餌誘引物質中，ペプチドの有効性について例を示す．

§5.　クルマエビ幼生

クルマエビ幼生に対するペプチドの摂餌誘引効果が検討されている．産卵直前の天然産雌種エビを実験室で産卵ふ化し，ゾエア1期まで飼育したものを試験に用いた．試験はゾエア1期のクルマエビ幼生を100尾ずつ収容し，すべての試験区幼生がポストラーバになるまでの約10日間飼育した．換水は1日1回全換水とし，給餌は毎日朝夕2回，ゾエア1―ゾエア3期は53μm 微粒子飼料を0.16 mg/尾/日，ミシス1―ミシ

表 5・3　クルマエビ幼生用カラゲナン微粒子飼料の組成

組　成	%
カゼイン	55.00
Arg 塩酸塩	3.00
α-でん粉	5.00
ショ糖	5.00
デキストリン	5.00
ミネラル混合物	8.00
ビタミン混合物	5.00
スケトウダラ肝油	4.00
大豆油	2.00
n-3 系高度不飽和脂肪酸	1.00
大豆レシチン	4.00
コレステロール	1.00
グルコサミン塩酸塩	1.00
クエン酸ソーダ	0.50
コハク酸ソーダ	0.50
合　計	100.00
κ-カラゲナン	5.00

ス3期は125μm 飼料を0.20 mg/尾/日，ポストラーバ1期以上は250μm 飼料を0.24mg/尾/日 給餌した．精製試験飼料（表5·3）はカゼインをタンパク源とし，カッパーカラゲナンをバインダーとする微粒子飼料に，0.5％のオ

表 5·4 クルマエビ幼生の成長および生残に対するペプチドの効果

試験区	体長（mm）（飼育10日目）	成長指数*（飼育8日目）	発育ステージ（%） M1	M2	M3	P1	生残率（%）
Ala－Gly－Gly	4.30	5.88	1	15	72	6	93
Ala－Val	4.18	6.07		6	75	13	94
Gly－Gly－Gly	4.17	5.79		22	72	2	95
Gly－Val	3.90	5.69		29	65		90
Met－Gly	3.94	5.78		20	69		87
Free	3.96	5.84		16	73	1	94

* 成長指数：ゾエア1＝1，ゾエア2＝2，ゾエア3＝3，ミシス1＝4，ミシス2＝5，ミシス3＝6，ポストラーバ1＝7

リゴペプチドを添加し，その成長を比較した．その結果，Ala－Val, Ala－Gly－Gly, Gly－Gly－Gly 添加区に効果が観察されている（表5·4）[12]．

§6. ヒラメ仔魚

ヒラメ仔魚に対するペプチドの摂餌誘引効果について検討が行われている．

表 5·5 ヒラメ仔魚の成長および生残に対するペプチドの効果

試験区	飼育終了時*1 全長（mm）*2	体重（mg）	生残率（%）
Ala－Phe	11.75±1.20	10.9	79.1
Gly－Leu	11.80±1.31	11.2	78.7
Ala－His	12.55±0.94	13.6	84.1
Gly－Gly	11.78±1.14	13.3	76.8
Leu－Gly－Gly	11.60±1.38	9.3	77.8
Leu－Gly	12.24±1.19	12.6	84.3
Ala－Ser	12.01±1.07	12.0	81.2
Ala－Pro	11.92±1.28	11.1	72.6
Ala－Gly	11.92±1.11	11.3	79.0
Ala－Gly－Gly	11.76±1.06	12.8	76.0
Gly－Ala	12.28±0.99	12.0	78.6
Ala－Val	12.60±0.92	14.6	83.4
Free	10.90±1.28	8.1	70.3

*1 飼育期間＝30日

*2 飼育開始時全長＝5.6 mm

全長5.6 mm，11日齢の仔魚を100 l 水槽に1000尾収容し，カゼインとホワイトフィッシュミールをタンパク源とし，ゼインをバインダーとする微粒子人工飼料で，30日間飼育した．微粒子飼料は1日に11回給餌した．仔魚の成長に対するペプチドの効果は，Ala－His, Leu－Gly, Ala－Ser, Gly－Ala, Ala－Val 添加区に観察されている（表5·5）．本実験では仔魚のため飼料転換効率はわからないが，成長を促進した上記のペプチドには，摂餌誘引効果，あるいは成長促進効果があると考えられる（金沢：未発表）．

§7. マダイ稚魚

マダイ稚魚に対するオリゴペプチドの添加効果が，摂餌量，増重率および飼料転換効率により比較検討された*5．ふ化養成したマダイ稚魚（体重8.82±2.08 g，全長8.09±0.65 cm）をパンライト水槽に収容し，ペレット状の精製試験飼料で30日間飼育実験を行った．水温は24.0～26.3°C で，換水は流水換水とし1日に15回転，pH は8.1±0.1であった．給餌方法は飽食給餌とし，飽食量（1日当り体重の約3％）を午前9時，午後4時の2回に分けて給餌した．給餌量は摂餌量に応じて増減し，残餌がないようにした．使用した飼料のサイズは1～2 mm を用いた．基本精製飼料のタンパク質源としてはカゼインを用いた．さらに飼料の必須アミノ酸組成比とマダイ稚魚の体構成必須アミノ酸組成比を合せるために，不足するアミノ酸（Thr, Ile, Lys, Arg）を結晶で添加し調製した．バインダーとして活性グルテンとゼインを用いた（表5·6）．飼育実験の結果（図5·1），生

表 5·6 マダイ稚魚用精製試験飼料の組成

組　成	(%)
カゼイン	56.89
Thr	0 50
Ile	0.28
Lys	0.97
Arg	1.92
デキストリン	5.00
α-でん粉	4.94
ミネラル混合物	6.00
ビタミン混合物	6.00
スケトウダラ肝油	3.00
大豆レシチン	5.00
n-3系高度不飽和脂肪酸	1.00
活性グルテン	2.00
ゼイン	6.00
ペプチド	0.50
合　計	100.00

*5 西中弘興・菅　善人・竹野　登・金沢昭夫：平成元年度日本水産学会春季大会講演要旨集，p. 42 (1989).

残率については全試験区とも 90〜100％で差はみとめられなかった．増重率では Ala−Gly−Gly, Ala−Met および混合摂餌誘引物質（Ala＋Gly＋Asp＋IMP）添加区で基本飼料より高い値を示した．また，Ala−Met は飼料転換効率でも高い値を示している．これらの添加効果から，Ala−Gly−Gly および混合摂餌誘引物質添加区は基本飼料と比較して，摂餌量，増重率ともに高い値を示し，飼料転換効率では同等の値を示している．よって Ala−Gly−Gly および混合摂餌誘引物質はその摂餌誘引効果により摂餌量が増加し，増重量が上昇したと考えられる．Ala−Met 添加区は摂餌量は低いが，増重率，飼料転換効率では高い．よって Ala−Met は少ない飼料で高い増重を示したことにより，成長促進効果を有すると判断される．飼育後，供試魚の肝臓中の GOT 活性を測定したところ，Ala−Met 添加区は若干低い値を示しているが，顕著な差はみられなかった．

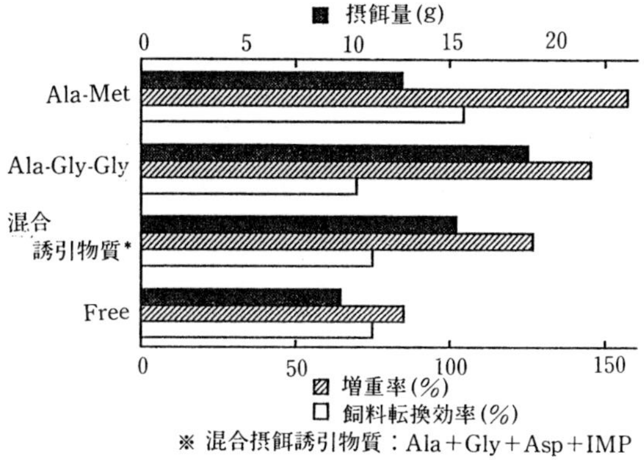

図 5･1 マダイ稚魚の摂餌量，増重率および飼料転換効率に対するペプチドの効果

§8. イシダイ稚魚

ふ化養成したイシダイ稚魚（体重22.0±1.5 g, 体長 9.5±0.4 cm）を精製試験飼料で30日間飼育実験を行った．水温18.0〜20.5°C, 流水換水とし1日に20回転とした．給餌は飽食給餌とし，飽食

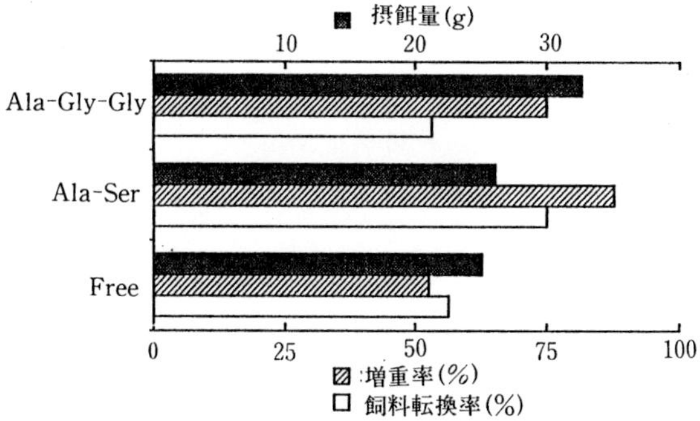

図 5･2 イシダイ稚魚の摂餌量，増重率および飼料転換効率に対するペプチドの効果

量（1日に体重の約3%）を午前9時，午後4時の2回にわけて与えた．飼料のサイズは0.5～1mmを用いた．精製基本飼料はカゼインをタンパク質源とし，バインダーとして活性グルテンとゼインを用いた．増重率は（図5・2）Ala－Gly－Gly，Ala－Ser添加区はいずれも高い値を示した．飼育後魚体重をダンカンの検定法で検定した結果，Ala－Gly－GlyとAla－Ser添加区は基本飼料との間に有意差が認められた．飼料転換効率ではAla－Ser添加区が高い値を示している．これらの結果から，Ala－Gly－Glyには摂餌誘引性があり，摂餌量が増加し増重率も伸びたものと考えられる．また，Ala－Serは成長促進効果を有し，基本飼料と同量の飼料で著しい増重率を示している．また，酵素活性においては，GOTおよびGPTはAla－Ser添加区，Ala－Gly－Gly添加区いずれも基本飼料より低い傾向を示している（金沢：未発表）．

文　献

1) K. Harada and M. Hirano: *Nippon Suisan Gakkaishi,* **49,** 1547-1551 (1983).

2) K. Harada, S. Maruyama, and K. Nakano: *Nippon Suisan Gakkaishi,* **50,** 1541-1544 (1984).

3) T. J. Hara: *Comp. Biochem. Physiol.,* **56A,** 559-565 (1977).

4) 室伏重孝・佐野昭仁・伊奈和夫：農化誌，**56,** 255-259 (1982).

5) 竹田正彦：魚類の栄養と飼料（荻野珍吉編），恒星社厚生閣，1980，p. 22.

6) 岩井　保：魚類の化学感覚と摂餌促進物質（日本水産学会編），恒星社厚生閣，1981，pp. 26-35.

7) 川村軍蔵：魚類の初期発育（田中　克編），恒星社厚生閣，1991，pp. 9-20.

8) A. W. Sangster, S. E. Thomas, and N. L. Tingling: *Tetrahedron,* **31,** 1135-1137 (1975).

9) 金沢昭夫：養魚飼料（米　康夫編），恒星社厚生閣，1985，pp. 99-110.

10) A. Kanazawa: AQUACOP IFREMER *Actes de Colloque,* **9,** 395-404 (1990).

11) A. Kanazawa: Proc. Aquaculture Nutrition Workshop (ed. by S. L. Allan and W. Dall), NSW Fisheries, Brackish Water Fish Culture Research Station, Salamander Bay, Australia, 1992, pp. 64-71.

12) S. Teshima, A. Kanazawa, and S. Koshio: *Israeli J. Aquaculture-Bamidgeh,* **45,** 175-184 (1993).

6. アミノ酸

滝井健二*

Fujiya and Bardach[1]が電気生理学的手法を用いて，yellow bullhead および searobin の触鬚および胸鰭がアミノ酸を受容することを報告して以来，生物学的検定方法も交えて種々の魚介類でアミノ酸に対する化学感覚応答が調べられてきた．そこでこれまで集積された多くの知見のうち，水産上重要と考えられる魚介類について，摂餌促進活性だけでなく阻害活性をもつアミノ酸にも注目して，それらを生物種別にまとめるとともに，アミノ酸受容に関する生理生態的意義と今後の検討課題についてもふれることにした．

§1. アミノ酸の受容機構

魚介類においてもアミノ酸の受容は化学感覚器で行われる．水界に生息する生物の化学感覚器は主に水溶性の物質に応答する[2]．陸上哺乳類の嗅覚は低分子の揮発性化合物を知覚し遠位感覚器として働き，また味覚は水溶性化合物を受容し近位感覚器として働く[3]．しかしアミノ酸に対する魚類の嗅覚および味覚の電気生理学的閾値が，いづれも10^{-7}〜10^{-9}M と極めて低いことから[4]，両感覚器とも遠位感覚器として機能することが示唆されている[5]．このように魚類では，アミノ酸に対する両感覚器の機能的差異が判然としないが，電気生理学的研究結果から，アミノ酸に対する応答順位に違いが認められている．すなわち嗅上皮あるいは嗅球からのアミノ酸応答スペクトルには大きな種間差はなく類似するが[5]，味覚応答スペクトルには著しい差異がある[6]．また多くの魚種では嗅覚器での Pro に対する電気生理学的応答は著しく低いが，味覚では高い応答が得られている[4]．魚類での両感覚器におけるこのような差異が，摂餌行動にいかに関与するか明らかでないが，餌料を嚥下するか否かは最終的に味覚の判断によると考えられる．

化学感覚器へのアミノ酸の刺激は，その感覚細胞にある受容レセプターを介

* 近畿大学水産研究所

して起こると推察されている．嗅覚上皮の受容レセプターへのアミノ酸の結合には，α-アミノ基およびα-カルボキシル基がイオン化されていること，α-水素原子が存在することなどが必要であるが，側鎖の炭素数および極性も影響することが推察されている[7]．また Marui and Caprio[6] は魚類の味覚感覚細胞でのアミノ酸に対する受容サイトの種類を，交叉順応(cross adaptation) で得られた結果から分類し，魚種間差は認められるが，Ala, Pro, His, Bet などの受容サイトが存在することを示唆した．一方，これまで魚類において，L-アミノ酸に対する応答は D-アミノ酸に比較して高いことが報告されているが，Caprio[7,8] は channel catfish の味覚上皮に D-Ala, D-Arg および D-Pro に対する受容サイトが存在することを示した．天然に存在するアミノ酸の多くは L-アミノ酸であるが，魚介類の組織に D-アミノ酸が存在することも知られている．カリフォルニア産の17種の二枚貝のうちムラサキイガイを除いて D-Ala が検出されている[9]．魚類を含めた魚介類でも，恐らくこれらアミノ酸混合物の複雑かつ特徴的な味を知覚し，嗜好と結びつけているのであろう．

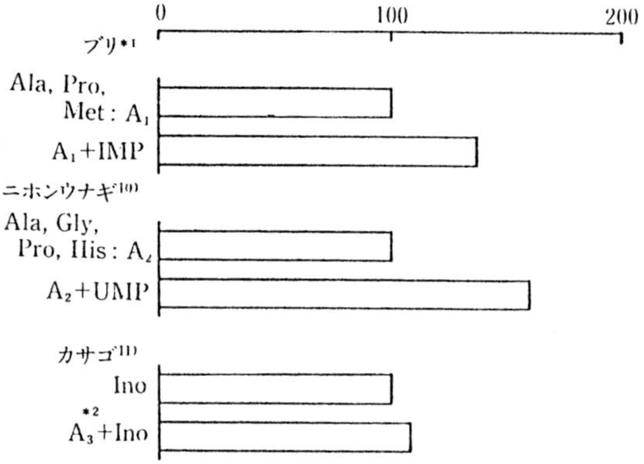

図 6·1 アミノ酸と核酸あるいはその関連物質との間の協同効果
*1 細川ら.
*2 A_3: Ala, Met, Ser, および Pro.

細川ら*1，Takeda ら[10]，および高岡[11]らはそれぞれブリ，ニホンウナギおよびカサゴで，数種アミノ酸と核酸あるいはその関連物質の IMP, UMP, Ino などとの併用によって摂餌活性が増大する協同効果のあることを示した（図6·1)．ヒトの味覚では Glu・Na と IMP または GMP との間に相乗効果のあることが報告されている[12,13]．この効果の発現機序は Glu・Na の受容サイ

*1 細川秀毅・滝井健二・菊地達人・竹田正彦：昭和52年度日本水産学会春季大会講演要旨集，p. 186 (1977)

トへの結合を，IMP あるいは GMP が促進するためと考えられている[14]．核酸関連物質が不活性状態にあるアミノ酸受容サイトを活性化したためか，あるいは受容サイトのコンフォメーションを変化させ結合を促進したのか明らかでないが，ブリでもヒトに類似する効果が認められたことは興味深い．しかし，IMP および GMP とは異なり UMP は分子内にピリミジン塩基をもつ．ニホンウナギでアミノ酸と UMP との間に協同効果が認められたことは，ヒトとは多少異なる受容機構を備えている可能性も示唆している[15]．

§2. 魚類に対する刺激アミノ酸

同一魚種でも検索に用いたエキス種および検索方法の違いによって，活性アミノ酸種に差異が認められることから，魚種間差について単純な比較を行うには多少の問題が残るが，いずれの魚種においてもその餌料生物のエキス中に多量に存在するアミノ酸が摂餌促進活性をもつこと[16]，また，単独のアミノ酸より複数のアミノ酸の併用によって高い摂餌促進活性の得られることが示唆されている[17]．

まず淡水魚で摂餌促進活性をもつアミノ酸を図 6·2 に示した．魚種別にみると，ヨーロッパウナギ[18]およびニホンウナギ[10]では Ala, Gly, Pro および Bet が共通して検索されている．しかしコイ[19]では Ala, Gly および Val が，ニジマス[20]では Tyr, Phe, Lys および His が，*Tilapia zillii*[21]では Ala, Ser, Glu, Asp および Lys が，そしてドジョウ[22]では Arg, His お

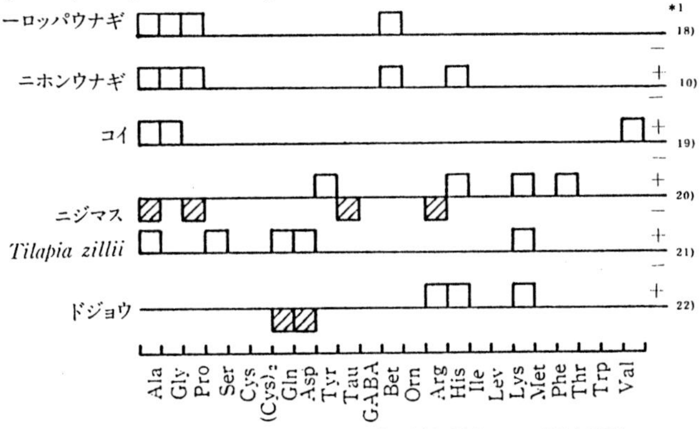

図 6·2 淡水魚類に対するアミノ酸の摂餌促進および阻害活性
*1 ＋：摂餌促進活性，一：摂餌阻害活性

よび Lys がそれぞれ検索されている．このように淡水魚では摂餌促進活性をもつアミノ酸に著しい魚種間差がみられる．特にコイとニジマスあるいはコイとドジョウとの間に全く類似性が認められない．

次に図 6·3 に示した海水魚種間で比較すると，Phe, Leu, Ile および Tyr

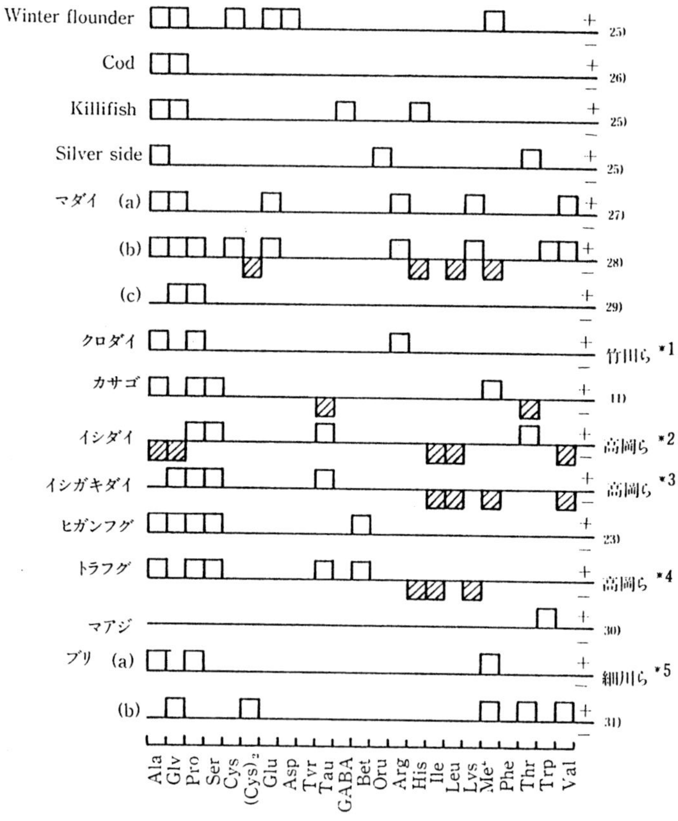

図 6·3　海水魚類に対するアミノ酸の摂餌促進および阻害活性

*1 竹田正彦・細川秀毅・浜田初三郎：昭和 54 年度日本水産学会春季大会講演要旨集，p. 131 (1979)

*2 高岡　治・滝井健二・中村元二・熊井英水：平成 4 年度日本水産学会秋季大会講演要旨集，p. 52 (1992)

*3 高岡　治・滝井健二・中村元二・熊井英水：未発表

*4 高岡　治・滝井健二・中村元二・熊井英水・竹田正彦：平成元年度日本水産学会秋季大会講演要旨集，p. 105 (1989)

*5 細川秀毅・滝井健二・菊地達人・竹田正彦：昭和52年度日本水産学会春季大会講演要旨集，p. 186 (1977)

以外のアミノ酸が，いずれかの魚種で摂餌促進物質として検索されている．なかでも中性アミノ酸の Ala, Gly, Pro および Ser が比較的共通して検索されている[16]．海水魚はこれら甘味をもつアミノ酸を，エキス成分として多く含む甲殻類および軟体類を好んで摂餌することに関連すると考えられる．しかし苦味を呈する Arg, Met, Val なども魚種によっては促進物質として検索されている．近縁種間で比較すると，イシダイ*2 とイシガキダイ*3 そしてヒガンフグ[23]とトラフグ*4 との間でそれぞれ Pro, Ser, Tau そして Ala, Pro, Ser, Bet などが共通していた．先のウナギ類でも類似することが示されたことから，他の近縁種間でも摂餌促進活性をもつアミノ酸は類似すると考えてよいのかもしれない．摂餌促進物質の検索を展開する上で，検討すべき興味ある課題の一つである．

摂餌阻害活性をもつアミノ酸についての報告例は少ない．淡水魚についてみると，ニジマス[20]では Ala, Pro, Arg および Tau が，ドジョウ[22]では Glu および Asp がそれぞれ阻害活性をもつアミノ酸として検索され，魚種によって異なることが示された．摂餌促進活性をもつアミノ酸にも共通性が低かったことを考慮すると，淡水魚種間で認められた活性アミノ酸種の差異は，海水魚に比べて生息域が極端に限定される自然条件下で，餌料生物に対する喰い分けがより厳格に行われていることに基づくためと考えられる．一方，海産魚についてみると，カサゴ[11]では Thr および Tau が，トラフグ*4 では Ile, Lys および His が，イシダイ*2 では Ala, Gly, Leu, Ile および Val が，そしてイシガキダイ*3では Leu, Ile, Val および Met がそれぞれ阻害活性をもつことが報告され，Ala, Gly および Tau を除くと必須アミノ酸が主体であった．魚種によっては必須アミノ酸にも摂餌促進活性が認められることから，各魚種間におけるアミノ酸の活性の差異については，非必須アミノ酸よりむしろ必須アミノ酸での活性の違いに注目する必要があるかもしれない．一方，ヒトおよびラットでは苦味をもつ必須アミノ酸を好まないことから，アミノ酸に

---

*2 高岡 治・滝井健二・中村元二・熊井英水：平成4年度日本水産学会秋季大会講演要旨集，p. 52 (1992)

*3 高岡 浩・滝井健二・中村元二・熊井英水：(未発表)

*4 高岡 治・滝井健二・中村元二・熊井英水・竹田正彦：平成元年度日本水産学会秋季大会講演要旨集，p. 105 (1989)

対する嗜好と栄養要求，特に必須アミノ酸バランスとの間に明確な関連性はないと考えられている[24]．しかし，魚類のタンパク質要求が陸上哺乳類に比べて極端に高いこと，また必須アミノ酸に促進活性が認められることなどから，魚類ではアミノ酸に対する嗜好と要求する必須アミノ酸バランスとが関連する可能性は残されている．

§3. 無脊椎動物に対する刺激アミノ酸

水産上重要と考えられる環形動物，軟体動物および甲殻類に対して，摂餌促進および阻害活性が認められたアミノ酸を図6･4にまとめた．

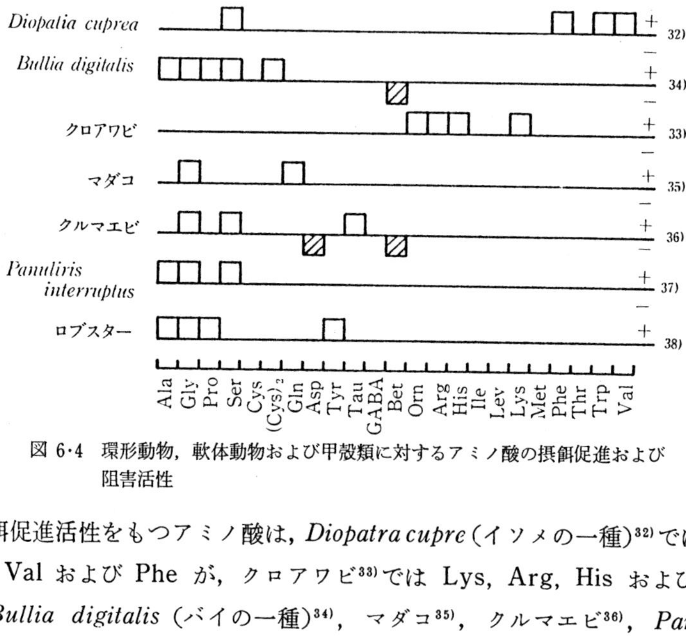

図 6･4　環形動物，軟体動物および甲殻類に対するアミノ酸の摂餌促進および阻害活性

摂餌促進活性をもつアミノ酸は，*Diopatra cupre*（イソメの一種）[32]ではSer, Trp, Val および Phe が，クロアワビ[33]では Lys, Arg, His および Orn が，*Bullia digitalis*（バイの一種）[34]，マダコ[35]，クルマエビ[36]，*Panuliris interruptus*（イセエビの一種）[37]およびロブスター[38]では Ala, Gly および Pro がそれぞれ共通して検索されている．底泥中の有機物を摂取する環形動物を除いて，餌料となる海藻類や水産動物のエキス中に多く含まれるアミノ酸が，摂餌促進活性をもつことがこれら無脊椎動物でも示唆された．

摂餌阻害活性をもつアミノ酸は，*B. digitalis*[34] で Bet が，クルマエビ[36]で Asp および Bet がそれぞれ報告されている．

§4. アミノ酸受容の意義

魚介類でのアミノ酸受容について，第一義的にはタンパク質要求に関連するものと考えられる．しかし最近の報告から生理・生態にも深く関与していることが明らかにされつつある．

水産無脊椎動物では，Lys がフジツボ幼生の付着機構において定着反応を促進し，形態形成経路の感受性を高めることが報告されている[39]．またGABAがアワビ幼生の着床と変態を促進することも知られている[40]．

魚類では産卵，ふ化および栄養生理に，アミノ酸の化学刺激が深く係わることが示唆されている．すなわち，Kawabata ら[41,42]はタイリクバラタナゴのつつき行動を促進するアミノ酸として Cys＞Ser＞Ala＞Gly＞Lys を同定したが，暗条件下ではこれらのアミノ酸は雄の放精をも誘起することを示した．同一の化学シグナルであっても受容する生物の生理的状態や環境条件などの違いに基づいて，中枢神経系で異なる情報として知覚・処理される可能性を示唆している．また，Tanaka ら[43]は海水の密度勾配を利用してシオミズツボワムシエキスの薄層をガラスカラム内に調製し，マダイ受精卵を収容してふ化20時間

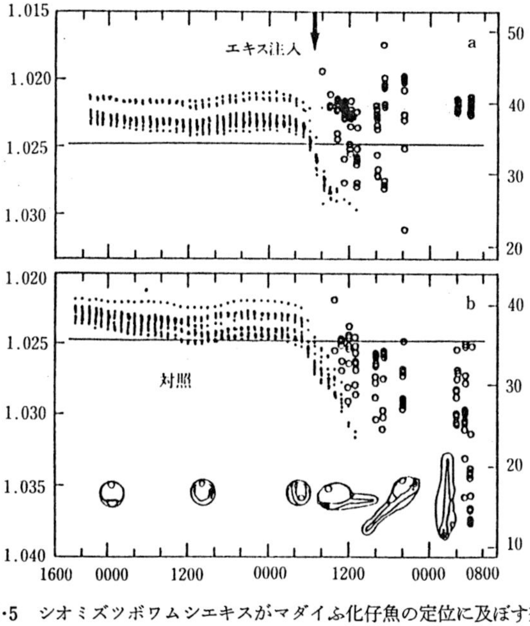

図 6·5 シオミズツボワムシエキスがマダイふ化仔魚の定位に及ぼす効果

後までマダイふ化仔魚の定位について観察した．その結果は図6･5に示すように，全てのふ化仔魚はふ化12時間後にワムシエキス層に静止したのに対して，対照の海水のみで調製したカラムでは鉛直的に散在していた．次いで，Takiiら[44]はふ化用水として6,000および4,000倍シオミズツボワムシエキス希釈海水を調製し，産卵直後のマダイ卵を収容してふ化するまでの時間を測定したところ，対照の人工海水でのふ化時間に比べて1時間程度であるが有意に短縮することを示した．ふ化直後のマダイには嗅覚上皮に感覚毛がすでに認められること[43]，またふ化前のニジマス胚体でアミノ酸に対する嗅覚応答が得られる[45]ことなどがそれぞれ報告されている．そこで滝井ら*5はふ化用水として10^{-5}M アミノ酸溶液を人工海水で調製し，同様にマダイ卵を収容してふ化時間を測定した．図6･6に示すように，Glu, Tau, Trp, Pro, $(Cys)_2$ および Asp 溶液でのふ化時間は対照の人工海水より有意に短縮したが，逆に Val, Leu および Ile で有意に遅延した．また，ふ化時間の短縮に伴ってふ化率の向上することも明らかになった．このように餌料生物エキスやアミノ酸によってふ化時間が短縮する機構は，ふ化直後の仔魚が餌料生物と出会う機会を増加させ，生き残りの確率を高めるために有効に作用するであろう．また海藻エキスに多い Glu および Asp にマダイふ化時間の短縮効果が認められたことは，沿岸の特定海域でマダイが産卵場を形成することに関連するかもしれ

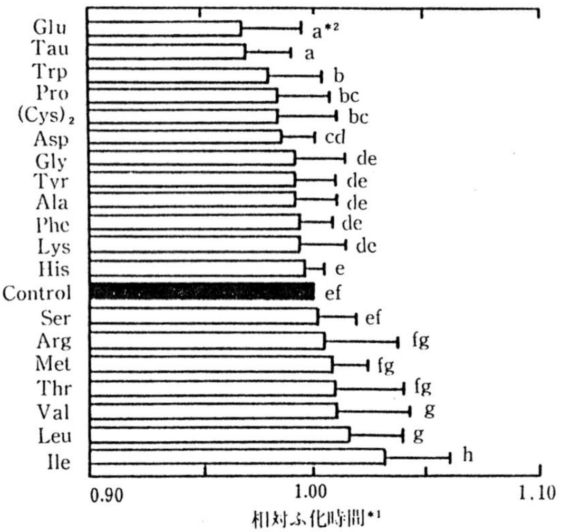

図 6･6　10^{-5}M アミノ酸溶液がマダイ卵のふ化時間に及ぼす影響
*1 人工海水（対照）でのふ化時間を1とする相対値
*2 同一文字間に有意差なし（$p<0.05$）

*5 滝井健二・中村元二・熊井英水・田中祐志：平成4年度日本水産学会秋季大会講演要旨集，p. 212 (1992)

ない．一方，ふ化時間を延長したアミノ酸は分枝鎖アミノ酸であった．ふ化時間の短縮・遅延効果と摂餌促進・阻害効果との間で，有効アミノ酸の種類に類似性を見出せなかったが，イシダイ*2およびイシガキダイ*3では分枝鎖アミノ酸に摂餌阻害活性が認められている．

Takii ら[46]はウナギ用配合飼料へ Ala, Gly, Pro, His および UMP をフレーバーとして添加すると，フレーバー無添加飼料区に比べて摂餌活性が増大するとともに，摂餌3時間後における胃内容物でのペプシン活性が増加し，さらに肝臓でのホスホグルコースイソメラーゼ (EC 5. 3. 1. 9)，グルコース-6-ホスフェートデヒドロゲナーゼ (EC 1. 1. 1. 49)，ホスホグリコネートデヒドロゲナーゼ (EC 1. 1. 1. 44) などの糖代謝酵素活性は，摂餌6時間後まで高活性を維持することを示した．魚類においても摂餌に係わる好ましい化学感覚刺激が，消化・吸収および栄養素の代謝をも活性化し，ひいては成長を促進することを示し得た興味ある知見である．

§5. 今後の検討課題

アミノ酸の摂餌促進効果についてはこれまで魚種間差に重点が置かれ検討されてきた．しかし，大西洋ニシン[47]では前期仔魚から後期仔魚へ，または稚魚への成長に伴って，誘引効果をもつアミノ酸種の変化することが報告されている．さらに生息水域，履歴，生理状態，心理状態，系群などの差異および個体差も存在すると考えられる．これらの点について今後詳細な検討を行う必要がある．

一方，近年になって脳・神経系に関して脳磁計を用いた非侵襲的な研究方法が確立されつつある．これは神経系での電流の発生に伴う磁界を測定するもので，魚介類への利用を検討することにより，これまで明らかにできなかった中枢神経系における嗅覚および味覚の働きや機能的差異，種々の生理機構の発現などに関して新知見が得られるとともに，感覚生理学の新しい展開に大きく寄与するであろう．

文　献

1) M. Fujiya and J. E. Bardach: *Nippon Suisan Gakkaishi,* **32**, 45-56 (1966).

2) 栗原賢三：味覚・嗅覚，化学同人，1990，pp. 1-8.

3) 小林　博・郷　保正：魚類生理学（板沢靖男・羽生　功編），恒星社厚生閣，1991，pp. 471-487.

4) 日高磐夫：魚類生理学（板沢靖男・羽生　功編），恒星社厚生閣，1991，pp. 489-518.

5) T. J. Hara: Chemoreception in fishes (ed. by T. J. Hara), Elsevier, pp. 135-158.

6) T. Murai and J. Caprio: Fish chemoreception (ed. by T. J. Hara), Chapman & Hall, 1992, pp. 171-198.

7) J. Caprio: *J. Comp. Physiol.,* **123A**, 357-371 (1975).

8) J. G. Brand, B. P. Bryant, R. H. Cagan, and D. L. Kalinoski: *Brain Res. Amst.,* **416**, 119-128 (1987).

9) H. Felbeck and S. Wiley: *Biol. Bull.,* **173**, 252-259 (1987).

10) M. Takeda, K. Takii, and K. Matsui: *Nippon Suisan Gakkaishi,* **50**, 645-651 (1984).

11) 高岡　治・滝井健二・中村元二・熊井英水・竹田正彦：日水誌，**56**, 345-351 (1990).

12) S. Yamaguchi: Umami (ed. by Y. Kawamura and M. R. Kare), Dekker, 1987, pp. 41-73.

13) K. Yoshii: Umami (ed. by Y. Kawamura and M. R. Kare), Dekker, 1987, pp. 219-234.

14) R. H. Cagan: Umami (ed. by Y. Kawamura and M. R. Kare), Dekker, 1987, pp. 155-184.

15) M. Takeda and K. Takii: Fish chemoreception (ed. by T. J. Hara), Chapman & Hall, 1992, pp. 271-287.

16) 竹田正彦：遺伝，**34**, 45-51 (1980).

17) 鴻巣章二・伏谷伸宏・能勢健嗣・橋本芳郎：日水誌，**34**, 84-87 (1968).

18) A. M. Mackie and A. I. Michell: *J. Fish Biol.,* **22**, 425-430 (1983).

19) 津嶋純一・伊奈和夫：農化，**52**, 225-229 (1978).

20) J. W. Adron and A. M. Mackie: *J. Fish Biol.,* **12**, 303-310 (1978).

21) P. T. Johnsen and M. A. Adams: *Comp. Biochem. Physiol.,* **83A.**, 109-112 (1986).

22) K. Harada: *Nippon Suisan Gakkaishi,* **55**, 1629-1634 (1989).

23) T. Ohsugi, I. Hidaka, and M. Ikeda: *Chemical Senses and Flavor,* **3**, 355-368 (1978).

24) 佐藤昌康：味覚の生理学，朝倉書店，1991，pp. 80-89.

25) A. M. Sutterlin: *J. Fish. Res. Board Can,* **32**, 729-738 (1975).

26) M. G. Pawson: *Comp. Biochem. Physiol.,* **56A**, 129-135 (1977).

27) S. Fuke, S. Konosu, and K. Ina: *Nippon Suisan Gakkaishi,* **47**, 1631-1635 (1981).

28) Y. Goh and T. Tamura: *Comp. Biochem. Physiol.,* **66C**, 225-235 (1980).

29) C. Shiimzu, A. Ibrahim, T. Tokoro, and Y. Shirakawa: *Aquaculture,* **89**, 43-53 (1990).

30) 池田　至・細川秀毅・示野貞夫・竹田正彦：日水誌，**54**, 235-238 (1988).

31) K. Harada: *Nippon Suisan Gakkaishi,* **51**, 453-459 (1985).

32) C. P. Mangum and C. D. Cox: *Am. Zool.,* **6**, 546-547 (1966). (原田勝彦：杉山産業化学研究所年報, 1990, pp. 69-117.)

33) K. Harada and Y. Akishima: *Nippon Suisan Gakkaishi,* **51**, 2051-2058 (1985).

34) A. N. Hodgson and A. C. Brown: *Comp. Biochem. Physiol.,* **82A**, 425-427 (1985).

35) R. Chase and M. J. Wells: *J. Comp. Physiol.,* **158A**, 375-381 (1985).

36) O. Deshimaru and Y. Yone: *Nippon Suisan Gakkaishi,* **44**, 903-905 (1978).

37) R. K. Zimmer-Faust, J. E. Tyre, W. C. Michel, and J. F. Case: *Biol. Bull.,*

167, 339-353 (1984).
38) D. W. Mcleese: *J. Fish Res Board Can.*, **27**, 1371-1378 (1970).
39) 加藤隆介：農化，**67**, 1600-1603 (1993).
40) W. E. S. Carr: Sensory biology of aquatic animals (ed. by J. Atema, R. R. Fay, A. N. Pepper and W. N. Tavolga), Springer-Verlag, 1988, pp. 3-27.
41) K. Kawabata, S. Sudo, K. Tsubaki, T. Tazaki, and S. Ikeda: *Nippon Suisan Gakkaishi,* **58**, 833-838 (1992).
42) K. Kawabata, K. Tsubaki, T. Tazaki, and S. Ikeda: *Nippon Suisan Gakkaishi,* **58**, 839-844 (1992).
43) Y. Tanaka, Y. Mukai, K. Takii, and H. Kumai: *J. Appl. Ichthyol.*, **7**, 129-135 (1991).
44) K. Takii, M. Nakamura, Y. Tanaka, and H. Kumai: *Aquaculture and Fisheries Management,* (in printing).
45) B. Zielinski and T. J. Hara: *J. Comp. Neurol.*, **271**, 300-311 (1988).
46) K. Takii, S. Shimeno, and M. Takeda: *Nippon Suisan Gakkaishi,* **52**, 2131-2134 (1986).
47) C. H. Dempsey: *J. Mar. Biol. Ass. U. K.*, **58**, 739-747 (1978).

7. 含硫化合物

中 島 謙 二*

生物の摂餌，摂食という行為は，具象的にいってしまえばその生物の成長や生命の存続のためであり，抽象的にいえば，摂食の行為は本能的な“生”に対する執着ということができる．いずれにしても摂食の行為は生命の発生以来の長い進化の過程で築かれた重要な行為であって，今やその行為がなければ生命は在り得ないわけである．その行為そのものの中枢性の発展の過程，経過は他に譲り，ここでは多くの諸先輩の業績を踏まえて，その一部の化合物群（含硫化合物）の摂餌刺激について紹介する．

§1. 摂餌刺激物質の探索

これまでの上記化合物の探索方法は既に魚介類に対して強い摂餌刺激のあることが知られた生物や組織，あるいはそれらからの抽出液中からその活性を示す本体を精製単離し，その後，オミッションテストなどを行ってその活性物質の本体を確認するという，いわば帰納法的な探索方法であった．しかし筆者らが行った方法は逆で，海洋に普遍的に存在する物質で，非常に身近に存在する化合物，中でも海辺に打ち上げられた海草の臭い物質（ジメチルスルフィド (DMS) とその誘導体）にまず着眼し，“これ”および“この化合物”の誘導体に活性を見出して，本物質を多く含む生物，組織，あるいはそれらの抽出液にその活性物質の自然の形を見出そうとする，いわば演繹的な方法で求めようとした．

1·1 探索方法　その方法の特徴は(1)実験操作が簡単である，(2)短時間で結果が得られる（短時間で繰り返し実験ができる），(3)ある程度の再現性がいつも得られる，(4)観察者の結果が得られることはもとより，試験魚それ自身の実験結果の軌跡が得られる，などの以上の4点を基にしてその方法を模索した．

* 甲子園大学栄養学部

1) キモグラフィオンによる活性物質の探索：測定方法は図 7·1 に示したように通常スチロール製の水槽(B)（21×14×14 cm）に試験魚 5 尾を遊泳させ，一方，セルロースパウダー 500 mg を通常 1 mM 濃度の試験液 0.7 ml で練り合わせてだんご状に固めた練り餌を，図の糸部分下部（底から 2.5 cm）に固着し，これをついばむ試験魚の物理的振動が，糸，天秤部分(C)を伝わって天秤他方の先端部分に伝導し，ドラム上に張られたキモグラフの黒色のすみ上にその軌跡を残す方法で，通常ドラムが 1 回転する間（3 分間）のついばみ回数を数え，その試験物質 1 回分のついばみ強度（頻度）とした．なお 1 試験物質のテストを行う毎に試験槽とその水，糸，試験魚を新鮮な水と交換洗浄し，この操作を試験物質毎に行い，一連の試験物質のテストの始めと終わりには試験水の代りに水で練ったセルロース練り餌を用いて対照実験を行った．さらに一連の実験が 1 回終わる毎に試験水の順番を変えて通常 5 回行い，3 回目以降は試験魚そのものを新しい試験魚に変え，1 試験化合物のついばみ強度（頻度）はこの 5 回分のついばみ回数の総和で表わし，対照はその前後の総和の平均値で表わした[1]．

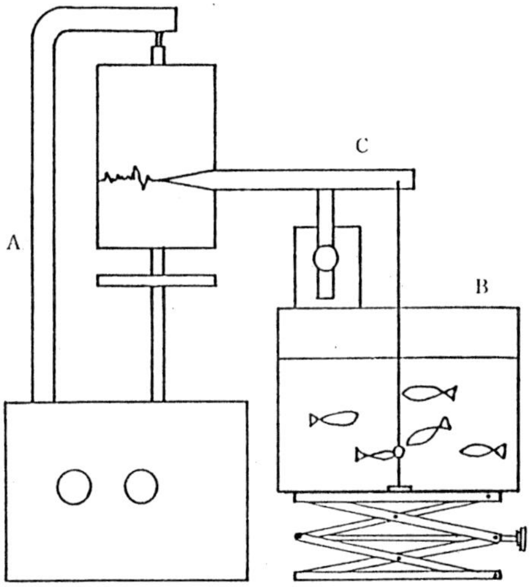

図 7·1　ついばみ測定装置（キモグラフィオン）
A：ドラム回転速度変速装置，B：試験水槽
C：天秤記録針

2) コンピューター分析による活性物質の探索：本法は魚のついばみ刺激（物理刺激）を転換器で電気刺激に変換し，ブリッジボックスを経て動歪計に伝え，この刺激を脳波計で記録すると同時に，テープレコーダーにも記録してデータを保存する．分析に当っては，テープレコーダー中に保存しておいたつ

いばみピークを Dual Beam Memory Oscilloscope, VC-10（日本光電製）に導き，アナログーデジタル変換して，さらにコンピューターに導き，面積計算して，3分間のその総和を求め，ついばみ強度とした[2]．そこで各種濃度のジメチル-β-プロピオテチン（DMPT）と Gln を用いて両方法で比較検討したところ，1 mM 以下の濃度では両方法ともついばみ強度と両物質の濃度とがほぼ比例することから[2]，以下には通常試薬濃度は 1 mM を用い，その測定にはキモグラフィオンを使用することにした．

§2. 天然に存在する含硫化合物の種類と機能

天然に存在する含硫化合物も種類はかなり多いもので，我々の体内成分であるタンパク質に含まれるアミノ酸の Met, Cys, $(Cys)_2$，これに類する Tau, シスタチオニン，GSH に始まり，ネギ属，アブラナ科植物（ワサビ，ダイコンなど）に含まれるアルキルジスルフィド類，グルコシノレート類，きのこ類に含まれる環状含硫化合物，第3級スルフォニウム類としては動物に含まれるジメチルアセトテチン（DMT），植物由来のメチルメチオニン，海藻（微生物）由来と思われる DMPT，さらに微量で重要な生理活性を示す．ビタミンのサイアミン，ビオチン，抗生物質のペニシリン，セファロスポリン，毒物では有名なサルファマスタードなど，思いつくままに列挙しても有用，無用，逆に毒性（これらも濃度によるが）物質まで多くの種類，性質をもつ化合物が存在することが分かる．海水魚介類中に含まれる含硫化合物[3]，含硫アミノ酸量[4,5]などについては紙面の都合上参考文献を見られたい．

§3. 高活性を示す摂餌刺激物質の発見

3·1 ついばみ実験による検索　§1の1）で説明したキモグラフィオンを用いる方法により，まず従来より魚類の嗅覚刺激物質として，また味覚刺激物質として周知の各種アミノ酸を用いてキンギョに対するついばみ刺激の効果を検討した[1]．その結果，高い順に Gln, Pro, His, Arg, $(Cys)_2$ となり，興味ある結果を得た．これは本実験装置の性質によるものと思われ，摂餌刺激効果の混和した結果と思われる．そこで次に本題の DMPT を中心にその2種のアルキル側鎖の長さの相違，あるいはカルボン酸主鎖の長さやその一部修飾化合物の相違[6]，DMPT の酵素的，アルカリ性下での分解物である DMS やその他のアルキルスルフィド類とその各種酸化物[6]，あるいは環状含硫化合物[7]などについて種々検討した．その結果，表7·1に示すように硫黄原子に結合する

表 7·1 ジメチルプロピオテチンとその誘導体のキンギョのついばみ挙動に及ぼす効果

実験	化合物	ついばみ頻度	実験	化合物	ついばみ頻度
I.	対照	19	IV.	対照	164
	ジメチルプロピオテチン	138		ジメチルアセトテチン	453
	メチル 3-メチルチオプロパノエイト	82		ジメチルプロピオテチン	575
	2-メルカプト酢酸	87		ジメチルブチロテチン	373
	3-メチルチオプロピオン酸	81		ジメチルペンチロテチン	359
	3-メルカプトプロピオン酸	82	V.	対照	124
II.	対照	44		ジメチルアセトテチン	386
	ジメチルプロピオテチン	314		ジメチルプロピオテチン	503
	3-メチルチオプロパナール	109		ジエチルプロピオテチン	340
	3-メチルチオプロピラミン	101		メチルエチルアセトテチン	323
	3-メチルチオプロパノール	129		ジメチルメチルアセトテチン	330
III.	対照	186	VI.	対照	9
	ジメチルアセトテチン	553		ジメチルプロピオテチン	143
	ジエチルアセトテチン	419		ジメチルスルフィド	69
	ジプロピルアセトテチン	360		メチルシステイン	56
	ジブチルアセトテチン	350		メチルメチオニン	16

2種のアルキル側鎖はメチル基が最もよく，また他方の硫黄原子につくカルボン酸の主鎖は枝分かれがなく，かつカルボキシル基に何の修飾もないプロピオン酸基が最もよい事実，即ち 3-carboxyethyl dimethyl sulfonium bromide (DMPT) が最もよいことが判明した（図7·2）．なお表7·2に示すようにアルキルスルフィド類とその酸化物[6]，あるいは環状含硫化合物には DMPT の効果を陵駕するものは見出されなかった[7]．また甲殻類，軟体類に多い Tau, Bet にも良好な効果は見出されなかった[7]．

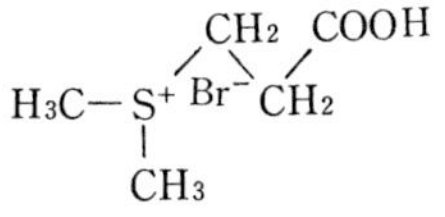

図 7·2 ジメチルプロピオテチン（DMPT）

3·2 コイ嗅索を用いた電気生理学実験　嗅覚刺激物質は1953年 Brett and Mackinnon[8] の河川を遡河するサケの D-Ser に対する効果の発見以来，コイ[9]やマダイ[10]，ハマチ[11]，ニジマス[12,13]，その他[14]を用いて電気生理学的研究が行われ，魚種を問わずおよそ Gln が最も強く嗅覚を刺激する事実が見出さ

表 7·2　ジメチスルフィドとその誘導体のキンギョのついばみ挙動に及ぼす効果

実験	化　合　物	ついばみ頻度	実験	化　合　物	ついばみ頻度
Ⅰ.	対　照	16	Ⅲ.	対　照	32
	ジメチルプロピオテチン	130		ジメチルプロピオテチン	136
	ジメチルスルフィド	70		ジメチルスルフィド	64
	ジエチルスルフィド	58		ジメチルスルフォキシド	113
	ジプロピルスルフィド	109		ジメチルスルホン	92
	ジブチルスルフィド	81		ジメチルサルファイト	57
Ⅱ.	対　照	14	Ⅳ.	対　照	1
	ジメチルプロピオテチン	230		ジメチルプロピオテチン	71
	ジメチルジスルフィド	109		ジメチルスルフィド	50
	ジエチルジスルフィド	77		アクリル酸	18
	ジプロピルジスルフィド	163		アクリル酸＋	
	ジブチルジスルフィド	112		ジメチルスルフィド	33

れている．ここでは我々が見出した強いついばみ刺激効果を示したDMPTとその関連化合物，並びにGlnのコイ嗅索脳波に及ぼす効果を検討した．その結果，表7·3に示す如く，DMPTは上記のGlnを陵駕する強い嗅索刺激効果を示すことを見出した[6]．従って，DMPTは摂餌誘引物質となる強い可能性が見出されたことになる．

表 7·3　強いついばみ刺激物質のコイ嗅索脳波に及ぼす効果（急性実験）

化　合　物	嗅覚応答値*
ジメチルプロピオテチン	37.7 (135)**
ジメチルスルフィド	26.6 (95)
ジメチルスルフォキシド	29.3 (105)
ジメチルスルホン	30.5 (109)
ジプロピルジスルフィド	14.5 (52)
Gln	27.9 (100)

*：面積値（μV·sec）
**：Glnの値を100とした相対値

3·3　成長実験と耐性実験　我々の本実験の主眼とするところは，あくまでその魚種用に開発された天然物から成る最良の配合餌料にDMPTを添加して，その天然配合餌料の効果を陵駕する結果を得ることにある．そこで上記の目的の下，各種淡海水魚を用いてDMPTを摂餌性に投与した場合の各種魚類の成長に及ぼす効果を予備実験的に検討した．その結果，淡水魚のキンギョ[15~17]（図7·3），コイ[16]，ニジマス[17,18]を始め，海水魚のタイ[16,19]，ハマチ（図7·4）[19]，ヒラメ[19]に至っても，その程度に差はあるが，すべてに成長促進効果を見出すことができた．したがってDMPTは摂餌誘引物質であるばかりか成長促進物質である可能性が考えられる．これまでにこの種の報告はDover soleを用いて唯一なされているが，この場合，DMPTは全く効果がなく，

Bet が最も有効で次いで DMT の順となっており，我々の結果と大いに異なるところである[20]．

また我々はこの成長実験と合せて簡単な魚類の遊泳装置を用いて DMPT 摂

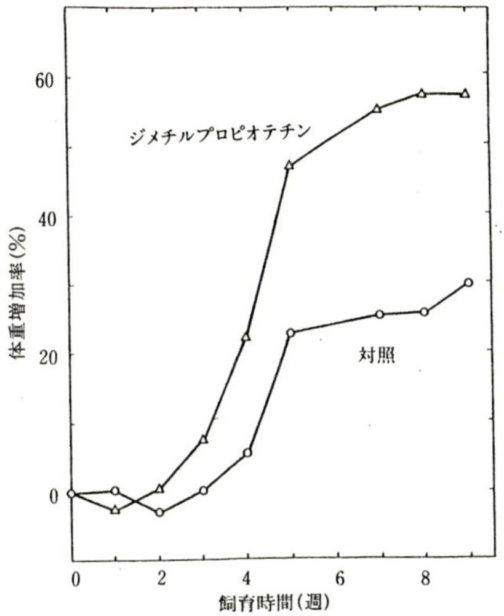

図 7·3 ジメチルプロピオテチンのキンギョの成長に及ぼす効果

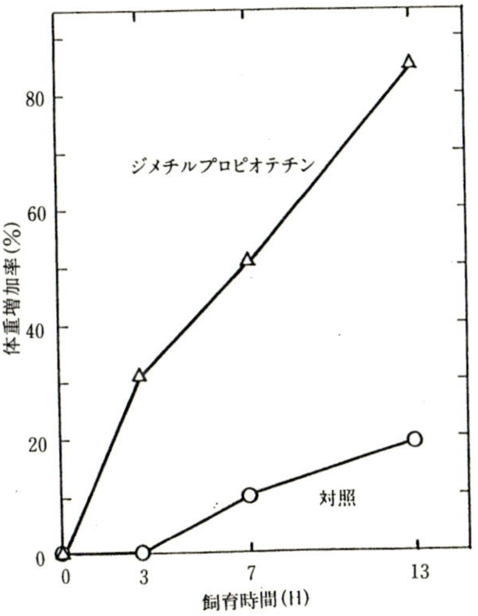

図 7·4 ジメチルプロピオテチンのハマチの成長に及ぼす効果

取下の各魚類の遊泳力を測定した．その結果，DMPT は淡海水魚に拘らず顕著に被験魚の遊泳力をも促進する事実を見出した[16~18]．その他，耐性実験として DMPT 添加被験魚の空中放置後からの回復を見る酸素欠乏耐性実験，水温の直線的な上昇による昇温耐性実験，ならびに水中に一定速度でアンモニア水を添加してアンモニア水中での耐性を見るアンモニア耐性実験も合せて検討したが，いずれの耐性実験においても DMPT 添加の被験魚は強い耐性を示す事実が判明した[17]．

同様の実験は他の生物種として両生類（アカガエル)*，アマガエル，サンショウウオ（中島：未発表），甲殻類（スジエビ[21,22]，クルマエビ[23]），サワガニ（中島：未発表），貝類（サザエ[24]），哺乳類（ラット[25]），鳥類（白色レグホン，ブロイラー）（中島：未発表）などについても検討し，哺乳類，鳥類を除いて，

* 中島謙二：1991年度日本農芸化学会大会講演要旨集，p. 365（1991）

すべて魚類の効果と同様の DMPT による成長促進効果が見出された．なお哺乳類のラットや鳥類については DMPT を餌料中，飲料水中に投与しても成長には僅かの効果しか見出されなかったが，運動能力（走力，けん垂力[26,27]，はばたき（中島：未発表））は他の被験生物同様大いに促進し，さらにラットの実験では事前に DMPT を経口投与すると，水浸漬ストレス性胃潰瘍が顕著に抑制されるという興味ある事実を見出している[25,28]．また DMPT の微生物（*Bacillus subtilis*）に及ぼす効果についても検討して見たところ，その培地への DMPT の添加はその成長を促進する事実が得られている（中島：未発表）．

したがって本物質 DMPT は，これまでに我々が行って来た被験生物の魚類，甲殻類，貝類，両生類の摂餌刺激物質になるばかりか，成長促進物質，運動能増進物質，抵抗力増強物質でもあり，またラットでは抗潰瘍性物質，両生類では因果関係は明確でないが変態促進物質，甲殻類では脱皮促進物質[29]でもある可能性が見出され，これら異なった生物種に対して DMPT は広範な生理活性を発揮する事実が判明した．

§4. DMPT の合成法

本実験に用いたスルフォニウム類の合成は Challenger and Simpson[30] の変法で合成し，エーテル洗浄後，メタノールから結晶化し，その純度，構造は NMR, IR, 元素分析，質量分析，X線解析，示差熱分析で同定確認した（中島：未発表）．

§5. DMPT の作用機作

DMPT の自然界における分布は飯田らの広範な研究成果からも明らかな如く，海藻[31,32]，甲殻類[33]，軟体類[34]，貝類[34,35]，魚類[36~38]といった水圏に生息する生物に広く存在することが明らかにされているが，近年陸上植物のカボチャ[39~41]や小麦[42]中にも見出されていることから，広く植物界にも存在するらしいことが明らかにされている．しかしこれらすべての生物が合成能をもつか否かに至っては未だ定かではないが，飯田らの研究成果[36]からすると魚類中の本化合物の存在は餌料由来のものと考えられ，その合成能をもち得る生物種は微生物と海藻といった，いわゆる広義の植物ではないかと思われる．実際幾多の海藻中に本物質の存在は確認されており[31,32]，しかも高濃度に含有する多くの海藻が見出されていることから，自ら生合成すると同時にこれを浸透圧調節物質（Osmolyte）として利用している可能性が多く報告されている[43~45]．さらに最近では南極海の氷中に存在する海藻にも多量存在することから，凍結保護剤（Cryoprotectant）として働く可能性も報告されている[46,47]．

しかしこれまではDMPTが広範な生物種に存在するにも拘らず，その作用機作に至っては海藻における Osmolyte，あるいは Cryoprotectant としての作用機作のみが報告されているに過ぎない．

5·1 DMPTの魚体内分布　平均体重470.4gのコイ45尾に高濃度のDMPT含有天然餌料（0.81 mg DMPT/g wet diet）を一過性に60分間投与し，経時的に5尾ずつ採取し，それらの脳，腎臓，肝膵臓，心臓，筋肉（背肉）内へのDMPTの取り込み（蓄積量）をガスクロマトグラフィーで追跡した．その結果，図7·5に示す如く，圧倒的な高濃度で投与後12時間後に肝膵臓に取り込まれる事実が判明した（中島：未発表）．従ってこの量的な関係からすると，DMPTの魚類に対する作用は，DMPTが脳内に本法で見出されないことより，中枢性のものでなく，一般的な肝臓処理経路をたどるように思われ，またその蓄積量からDMPTはそのまの形で存在し作用する可能性も考えられる．

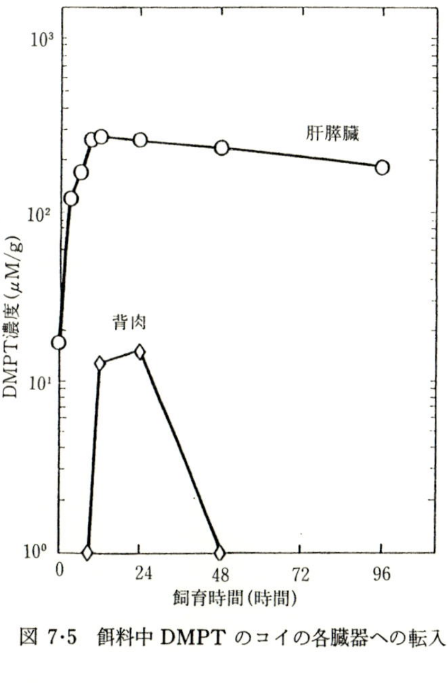

図 7·5　餌料中DMPTのコイの各臓器への転入

5·2 DMPTのメチル基転移酵素に対する作用　まず構造上，DMPTがメチル基をもち，しかもそのカルボン酸鎖の内1炭素少ないだけのDMPTと全く構造の類似するDMTが，動物由来酵素のジメチルテチン―ホモシステ

イン　メチルトランスフェラーゼ〔EC 2.1.1.3〕の基質であることから，本酵素に対するDMPT及びその構造類似体の基質特異性を検討した[48]．まず本酵素の魚種別活性であるが，高い順にタイ，カツオ，ヒラメ，サバ，ニジマス，サワラ，ハマチ，マグロ，コイの順となったが，しかしこれら活性は被験魚の成長段階，棲息領域，摂取餌料や鮮度の相違によって変わり得るので一概にいえないきらいがある．次に生コイ（平均体重205g）を用いて本活性の臓器別活性を測定したところ，高い順から胆のう，肝膵臓，腸管，脾臓，卵巣，腎臓の順となったが，脳，心臓内には本酵素活性は見出されなかった（中島：未発表）．次にタイ肝膵臓酵素のアセトンパウダーの水抽出液を粗酵素液として本酵素の基質特異性を検討したところ，表7·4に示す如く，多くの基質類似体の中でもDMPTの活性を陵駕する化合物は見出されなかった[48]．

表 7·4　タイ肝膵臓酵素のジメチルテチン―ホモシステイン　メチルトランスフェラーゼ活性

実験	化　合　物	比活性*1	実験	化　合　物	比活性*1
I．	ジメチルアセトテチン	0.47	III．	ジメチルアセトテチン	0.34
	ジエチルアセトテチン	0.39		3-メチルチオプロパナール	—*2
	ジプロピルアセトテチン	0.67		3-メチルチオプロパノール	—*2
	ジブチルアセトテチン	0.62		3-メチルチオプロピラミン	0.93
	ジメチルプロピオテチン	1.62		メチル3-メチルチオプロパノエイト	1.21
II．	ジメチルアセトテチン	0.56		3-メチルチオプロピオン酸	1.62
	ジメチルプロピオテチン	1.74		3-メルカプトプロピオン酸	0.20
	ジメチルブチロテチン	1.11		2-メルカプト酢酸	0.23
	ジメチルペンチロテチン	0.27	IV．	ジメチルアセトテチン	0.53
	ジメチルメチルアセトテチン	0.83		2,4,6-トリメチルジヒドロ-1,3,5-ジチアジン	0.09

*1：μモル Met/mg タンパク質／時間，*2：活性なし

これらの結果からすると魚類が餌料性に摂取したDMPTは肝臓あるいは肝膵臓に至って，そのメチル基を素早くホモシステインに渡してメチオニンを形成し，このメチオニンのメチル基がS-アデノシルメチオニンを経由して体内の他のメチル基を有する生理活性物質の形成に役立つ可能性が考えられる．5·1の実験で肝膵臓に遊離のDMSが見出されなかったことや飯田らのDMPTは体内で分解しないという結果[36]からすると，DMPTの作用はその分解物であるDMSやアクリル酸によるものとは考え難く[6]，またDMPTの非酵素的メチル化反応も起こり難いことから[49]，上記の酵素反応による作用機作の可能性

は非常に高いものと思われる．しかしこの推察もあくまで魚類に対するものであり，甲殻類の成長ホルモンのエクジステロイド類と成長抑制物質との関係，あるいは両生類（オタマジャクシ，サンショウウオ）の成長ホルモン（プロラクチン様ホルモンなど）や変態促進ホルモンのチロキシンなどとの関係など，まだまだ解決すべき点が多く，今後着実に解明して行くべき課題と考えている．

最後に本総説を通じて我々の研究成果の報告が多く，片寄った趣が否めないが，本分野の報告例が海藻類を除いてほとんどなく，この点御容赦願いたい．

文　献

1) K. Nakajima : *Bull. Koshien Univ.*, **15**, 13–17 (1987).

2) K. Nakajima : *Bull Koshien Univ.*, **16**, 1–6 (1988).

3) 池田静徳編：魚介類の微量成分，恒星社厚生閣，1981，p.111.

4) 池田静徳編：魚介類の微量成分，恒星社厚生閣，1981，p.5.

5) 岩田久敬：総論・各論食品化学，養賢堂，1960，p. 551.

6) K. Nakajima, A. Uchida, and Y. Ishida : *Nippon Suisan Gakkaishi*, **55**, 689–695 (1989).

7) K. Nakajima, A. Uchida, and Y. Ishida : *Bull. Koshien Univ.*, **16**, 7–10 (1988).

8) R. Brett and D. Mackinnon : *Fish. Res. Board Can. Prog. Rep. Pacific. Stat.*, No. 90, pp. 21–23 (1952).

9) Y. Goh and T. Tamura : *Bull. Jap. Soc. Sci. Fish.*, **44**, 341–344 (1978).

10) Y. Goh, T. Tamura, and H. Kobayashi : *Comp. Bichem. Physiol.*, **62 A**, 863–868 (1979).

11) H. Kobayashi and K. Fujiwara : *Nippon Suisan Gakkaishi*, **53**, 1717–1725 (1987).

12) M. Sato and K. Ueda : *Comp. Biochem. Physiol.*, **52** *A*, 359–365 (1975).

13) T. J. Hara : Chemical Sense of Fish and Feeding Stimulants (ed. by Nippon Suisan Gakkai), Koseisha-Koseikaku, 1981, pp. 48–62.

14) T. J. Hara, Y. M. Carolina, and B. R. Hobden : *Comp. Biochem. Physiol.*, **45 A**, 969–977 (1973).

15) K. Nakajima, A. Uchida, and Y. Ishida : *Nippon Suisan Gakkaishi*, **55**, 1291 (1989).

16) K. Nakajima : *Nippon Suisan Gakkaishi*, **57**, 673–679 (1991).

17) K. Nakajima : *Nippon Suisan Gakkaishi*, **58**, 143–1458 (1992).

18) K. Nakajima : *Nippon Suisan Gakkaishi*, **57**, 1603 (1991).

19) K. Nakajima, A. Uchida, and Y. Ishida : *Nippon Suisan Gakkaishi*, **56**, 1151–1154 (1990).

20) A. M. Mackii and A. J. Mitchell : *Comp. Biochem. Physiol.*, **73 A**, 89–93 (1982).

21) K. Nakajima : *Nippon Suisan Gakkaishi*, **57**, 1717–1722 (1991).

22) K. Nakajima : *Bull. Koshien Univ.*, **20 A**, 7–12 (1992).

23) K. Nakajima : *Bull. Koshien Univ.*, **21** *A*, 11–15 (1993).

24) K. Nakajima : Jpn. Tokkyo No. 1733003, Feb, 17, 1993.

25) K. Nakajima : *J. Nutr. Sci. Vitaminol.*,

37, 229–238 (1991).

26) K. Nakajima: *Bull. Koshien Univ.*, **17 A**, 1–8 (1989).

27) K. Nakajima: *Bull. Koshien Univ.*, **19 A**, 29–36 (1991).

28) K. Nakajima: *Bull. Koshien Univ.*, **18 A**, 15–22 (1990).

29) K. Nakajima: *Bull. Koshien Univ.*, **21 A**, 3–9 (1993).

30) F. Challenger and M. I. Simpson: *J. Chem. Soc.*, 1591–1597 (1948).

31) R. H. Reed: *Mar. Biol. Lett.*, **4**, 173–181 (1983).

32) H. Iida, K. Nakamura, and T. Tokunaga: *Bull. Japan Soc. Sci. Fish.*, **51**, 1145–1150 (1985).

33) T. Tokunaga, H. Iida, and K. Nakamura: *Nippon Suisan Gakkaishi,* **43**, 1209–1217 (1977).

34) R. G. Ackman and J. Hingley: *J. Fish. Res. Bd. Can.*, **25**, 267–284 (1968).

35) H. Iida and T. Tokunaga: *Soc. Sci. Fish.*, **52**, 557–563 (1986).

36) H. Iida, J. Nakazoe, H. Saito, and T. Tokunaga: *Nippon Suisan Gakkaishii,* **52**, 2152–2161 (1986)

37) R. G. Ackman, J. Hingley, and A. W. May: *J. Fish. Res. Bd. Can.*, **24**, 457–461 (1967).

38) R. G. Ackman, J. Hingley, and T. Maskey: *J. Fish. Res. Bd. Can.*, **29**. 1085–1088 (1973).

39) J. van Diggelen, J. Rozema, D. M. Dickson, and R. Broekman: *New Phytol.*, 573–586 (1986).

40) F. Larher, J. Hamerin, and G. R. Stewart: *Phytochem.*, **16**, 2019–2020 (1977).

41) P. J. Dean and R. P. Kien: *Mar. Ecol. Prog. Ser.*, **81**, 277, 287 (1992).

42) A. Chrominski, D. I. Weber, B. N. Smith, and D. F. Hegerhorst: *Naturwiss.*, **76**, 473–475 (1989).

43) R. H. Reed: *J. Exp. Mar. Biol. Ecol.*, **68**, 169–193 (1983).

44) D. M. I. Dickson, R. G. Wyn Jones, and J. Davenport: *Planta,* **155**, 409–415 (1982).

45) T. G. Mason and G. Bluden: *Bot, Mar.*, **32**, 313–316 (1989).

46) U. Karsten, C. Wiencke, and G. O. Kirst. *Bot. Mar.*, **33**, 143–146 (1990).

47) U. Karsten, C. Wiencke, and G. O. Kirst: *J. Exp. Bot.*, **42**, 1533–1539 (1991).

48) K. Nakajima: *Nippon Suisan Gakkaishi,* **59**, 1389–1393 (1993).

49) K. Yamauti, T. Tanabe, and M. Kinoshita: *J. Org. Chem.*, **44**, 638–639 (1979).

8. 核酸関連化合物

池　田　　　至*

一般に魚類の摂餌行動は，餌料生物のエキス成分により誘起・促進されることが知られている．現在までに，各種魚類に対する餌料エキス中から検索・同定された摂餌刺激物質のうち，主要な有効物質は，いずれも餌料エキス中に普遍的に存在する成分，すなわちアミノ酸，核酸関連化合物，Bet などである．

本章では，マアジを中心に摂餌刺激物質としての核酸関連化合物について述べる．

§1. 核酸関連化合物の摂餌刺激活性

マアジの餌料生物のうち，マアジ（筋肉）のエキス成分組成[1] が既知であることに着目して合成エキスを調製し，これを精製カゼインを主原料とする基本飼料に添加してマアジ幼魚に飽食給与し，一連のオミッションテストを行った．その結果，この合成エキスのマアジに対する摂餌刺激活性は，主として

表 8·1　マアジの摂餌刺激物質の検索

化合物*1	摂餌量 (g)		摂餌刺激活性*2 (%)
	総摂餌量	100 g 体重当りの摂餌量	
マアジ筋肉合成エキス（SE）	7.5	2.8	100
Ino	0	0	0
IMP	20.8	7.2	257
AMP	0	0	0
ADP	0	0	0
ATP	0	0	0
SE-Ino*3	21.4	7.4	264
SE-IMP	0	0	0
SE-AMP	7.6	2.8	100
SE-ADP	13.7	4.7	168
SE-ATP	8.8	3.2	114

*1 各種化合物は乾物飼料 100 g 当りにマアジ筋肉エキス中濃度で添加
*2 対照飼料を与えたときの摂餌量を 100 とする相対摂餌量
*3 全合成エキスより Ino を除いたエキス

* 水産大学校

IMP に基因することが明らかになった[2]（表8・1）.

現在までに，各種魚類に対する餌料エキス中から検索・同定された摂餌刺激物質としての核酸関連化合物を表8・2に示す．ヌクレオチドの IMP は，ブ

表 8・2　餌料生物のエキス中に含まれる魚類の摂餌刺激物質（核酸関連物質）

対象魚種	餌料エキス	摂餌刺激物質
ブリ	魚肉	IMP
マアジ	魚肉	IMP
マダイ	魚肉	IMP, ADP
カサゴ	ツノナシオキアミ	Ino
turbot（カレイの一種）	イカ筋肉	Ino, IMP
brill（カレイの一種）	イカ筋肉	Ino, IMP
ウナギ	イソゴカイ	UMP

リ*1，マアジ[2]，マダイ*2，turbot（カレイの一種）[3]，brill（カレイの一種，A. I. Michell, 私信）などの肉食性魚類に対して有効であり，それらの魚類が好んで摂取する魚肉やイカ肉のエキス中の主要成分である．ヌクレオチドではこの他に，ADP がマダイ*2 に，UMP がウナギ[4] に対してそれぞれ高い摂餌刺激活性を示している．

一方，ヌクレオチドの Ino は turbot[3]，brill，カサゴ[5] などに有効であり，特に底生の肉食魚に対して高い摂餌刺激活性を示すようである．

このように，核酸関連化合物は，各種の肉食性魚類に対して高い摂餌刺激活性を示しているようだが，その活性の中核をなす物質は，対象魚類と餌料エキスの組み合わせとの関連において少しずつ異なる．たとえばブリ*1 およびマアジ[2] に対する魚肉エキスの活性物質は IMP であり，turbot[3] および brill に対するイカ肉エキスでは Ino または IMP である．またマダイ*2 に対する魚肉エキスの活性物質は，主に IMP と ADP である．さらにカサゴ[5] に対するツノナシオキアミエキス中の活性物質は Ino である．ところで，イソゴカイエキス中の UMP はウナギ[4] に対して，アミノ酸の摂餌刺激活性を増加させているが，IMP にはその作用がないこともわかっている．

これまで述べてきたのは，いずれも餌料エキス中の主要成分としての核酸関

*1 細川秀毅・竹田正彦・滝井健二・植月則幸：昭和51年度日本水産学会春季大会講演要旨集，p. 21 (1976)

*2 細川秀毅・滝井健二・竹田正彦：昭和53年度日本水産学会春季大会講演要旨集，p. 17 (1978)

連化合物であった．しかし餌料エキス中には存在しない核酸関連化合物に活性が認められたり，エキス中に低濃度含まれているが濃度を上げると活性が発現したりすることがある．

表 8·3 マアジに対する各種核酸関連化合物の摂餌刺激活性

化 合 物*1	摂餌刺激活性*2	化 合 物*1	摂餌刺激活性*2
IMP	100	AMP	0
IDP	0	ADP	0
ITP	0	ATP	0
3′-IMP	0		
2-Deoxy-5′-IMP	0	GMP	46
Allylthio-5′-IMP	0	GDP	0
		GTP	0
		UMP	91
Hyp	0	UDP	107
Ino	0	UTP	82
Ado	0	3′-UMP	0
Urd	0		
Guo	0	5′-キサンチル酸	0

*1 各種化合物は乾物飼料 100 g 当り 1.0m mol の濃度で添加
*2 表 8·1 参照

Mackie and Adron[3] は47種類のヌクレオチドおよびヌクレオシドについて turbot を用いて摂餌刺激活性を調べ，Ino, 1-メチルイノシン，IMP, IDP, 1-メチルグアノシンおよび GMP に摂餌刺激活性を認めている．

マアジ[7] でも22種類の核酸関連化合物について摂餌刺激活性を調べた結果，IMP, UMP, UDP および UTP に強い活性が認められ，GMP にも IMP の約 1/2 の活性があることがわかった（表 8·3）．

また，高岡ら[5] は AMP, ADP および IMP は添加量を増すとカサゴに対して高い摂餌刺激活性が認められることを報告している．

さらに Harada[6] はアワビ，ドジョウとブリに対して26種類の核酸関連化合物の摂餌誘引活性を調べアワビでシトシン，キサンチンと AMP に，ドジョウでアデニン，Guo と GMP に，ブリでアデニン，シトシン，グアニン，AMP，デオキシグアニル酸と UMP に誘引活性を認めている．

§2. IMP の摂餌刺激活性

餌料エキス中の IMP は，多くの海産肉食性魚類に対して摂餌刺激活性を示している（表8·2）．ではその味覚器に対する刺激はどうであろうか．

Ishida and Hidaka[8] はマアジの味覚に関与する口蓋神経は IMP や UMP に顕著に応答することを報告している．また，Hidaka ら[9] はブリのそれは IMP, ADP, Ado および Ino に顕著に応答することを示している．さらに，Kiyohara ら[10] はヒガンフグの味覚器は IMP, UMP および AMP に高い応答を示すことを明らかにしている．このように，餌料エキス中に高濃度に含まれる IMP は，多くの海産肉食性魚類の味覚器と摂餌行動を強く刺激している．

IMP の摂餌刺激活性について，Mackie ら[3] は，turbot の頭部の連続切片について調べ，多数の歯と一緒に味蕾が分布していたことより，魚の歯が餌料生物の筋肉中に入り込むと，味蕾を刺激するのに十分な IMP が遊離されるといっている．ちなみに狭義での摂餌刺激物質とは，摂餌の誘起，継続，のみ込みという一連の行動を促す性質を持った物質[11] である．

一般に魚類筋肉における ATP から IMP までの分解反応は死後の比較的初期の段階，すなわち魚肉の乳酸生成に伴って低下する pH がほぼ一定の値に達するまでの間でよく進行し，この段階における IMP から Ino を経て Hyp を生成する反応は遅く，IMP は死後の初期に蓄積しやすい[12]．

ところで飼料中の IMP の濃度と活性の大きさとの関係をマアジで調べた結果，活性を最大限に高めるのに必要な飼料中の濃度は，0.8 m mol/100 g 乾物飼料であった（図8·1）．この濃度はマアジ筋肉エキス中の濃度と一致している．なお，これまでに摂餌刺激物質として同定された IMP のほとんどの飼料中の濃度は 10^{-4}～10^{-3}M の範囲にある．

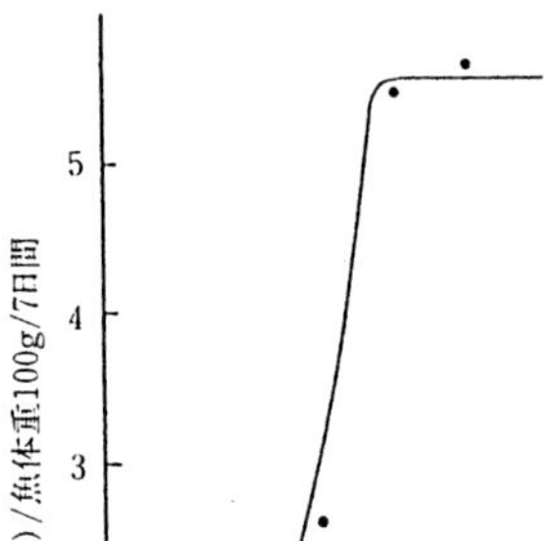

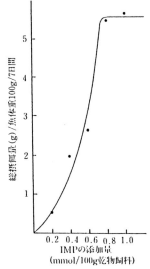

図 8·1 IMP の添加量とその摂餌刺激活性

§3. 核酸関連化合物の構造と摂餌刺激活性

Mackie and Adron[3] は47種類のヌクレオシドおよびヌクレオチドについて turbot を用いた摂餌刺激活性の試験により次の結論を導いている．すなわち，プリン塩基をもつ化合物だけが有効，6位のケト機能が必須(C=O)，2位の置換基が重要 (H>NH_2>O)，5′位のリン酸化により活性が増大，2′位および3′位のOH基が必須，1位のメチル化により活性がわずかに増大する．

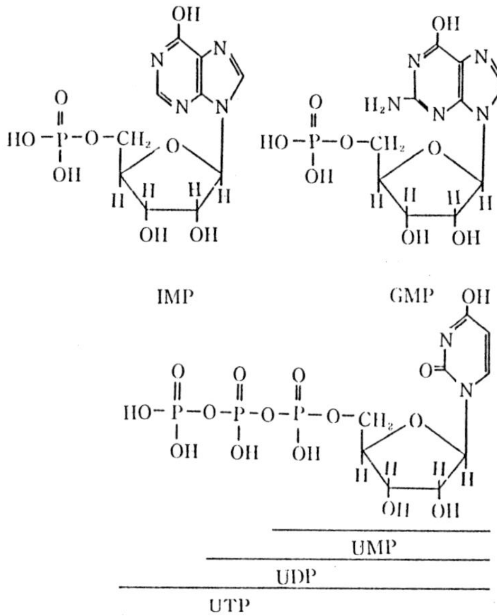

図 8·2 核酸関連化合物の構造

マアジ[7] に対して22種類の核酸関連化合物を用いた試験（表8·3）では，摂餌刺激活性が認められた5種類の化合物に共通する分子構造は，Rib の5′位にリン酸基結合した5′-ヌクレオチドの構造だけである（図8·2）．しかしプリン系ヌクレオチドに限ってみると，IMP と GMP に共通な構造として，Rib の5′位に1分子のリン酸基が結合した構造，すなわち，6-ヒドロキシまたは2-アミノ-6-ヒドロキシ-プリンリボシド-5-リン酸の構造が，その活性発現に必要な条件であった．

IMP や GMP はヒトにとっての旨味物質[13]であるばかりでなく，魚類に対しても有効な摂餌刺激物質であることは，両者の味覚における類似性を示唆していて興味深い．さらに Hidaka ら[14]はヒガンフグの味覚を刺激するヌクレオチドには，Rib の5′位にリン酸基が結合した構造が必要であると報告している．いずれにしても，5′位にリン酸基が結合したヌクレオチドは，各種魚類の味覚器を強く刺激し摂餌行動を促進させるようであるが，その受容サイトの構造や結合様式は魚種により異なっているように思われる.

§4. 核酸関連化合物の摂餌阻害活性

これまでは，魚類に正の摂餌行動を起こさせる核酸関連化合物について述べてきた．ここでは，それと全く対照的な負の摂餌行動を起こさせる化合物について述べる.

マアジ[2]に対して，核酸関連化合物をエキス中の濃度で IMP と合わせてカゼイン基本飼料に添加し，その活性の変化を調べ，Ino と ADP はそれ自身が摂餌刺激活性を全く示さないばかりでなく，共存する IMP の活性を低下させることが明らかにされている（表 8·4).

表 8·4 マアジの摂餌阻害物質

化合物*1	摂餌量 (g)		摂餌刺激活性*2 (%)
	総摂餌量	100 g 体重当りの摂餌量	
IMP	19.7	12.9	100
Ino	0	0	0
ADP	0	0	0
IMP+Ino	6.4	4.4	34
IMP+ADP	10.8	7.5	58

*1, *2 表8·1参照

前述のように Ino は turbot[3] に対して IMP と同じく強い摂餌刺激活性を示しているし，ADP は IMP と併用した場合にマダイ*2 に対する摂餌刺激活性を高めている．これらの報告と上述の結果を考え合せると，マアジにおける IMP の摂餌刺激活性に対する Ino の阻害（抑制）作用は，両者の化学構造の類似性からみて興味深い現象である．おそらく，IMP はマアジの味覚受容器の受容サイトによく適合しており，分子構造のよく似た Ino の共存により，IMP の活性が阻害（抑制）されるものと考えられる.

この他に摂餌阻害物質としての単独の核酸関連化合物は，ウナギ[4]に対する AMP があげられる．なお，水産動物の摂餌阻害物質については，詳細な報文[15]があるので参考にされたい.

天然水域の餌料生物（魚類も含めて）は，共存のため捕食者から身を守らねばならないので，体内に捕食者に対する摂餌刺激物質だけでなく摂餌阻害物質も同時に保有しているものと考えられる．さらに，Lindstedt[16]によると，個々の動物が与えられた餌を食べるかどうかは，正の因子と負の因子のバランスによるという．したがって天然水域の魚類においては，おそらく餌料生物中に含まれる各種の摂餌阻害物質によってその摂餌行動は制御されているものと考えられる．

以上，摂餌刺激物質としての核酸関連化合物について，マアジを中心に簡単に述べてきた．近年，栽培漁業の伸展に伴い，魚粉代替タンパク質源としての植物性タンパク質などの積極的な利用が重要課題となってきたが，そのためには飼料への摂餌刺激物質の添加と飼料からの摂餌阻害物質の除去により，その嗜好性の改善を図ることが不可欠であると考えられる．今後はさらに食性の異なる各種魚類について，摂餌刺激物質および摂餌阻害物質の特性を調べて，魚類の摂餌行動に対する化学的制御機を究明するとともに，その応用に寄与する基礎的知見を集積することが必要であろう．

文　献

1) S. Konosu, K. Watanabe, and T. Shimizu : *Nippon Suisan Gakkaishi,* **40,** 909-915 (1974).
2) 池田　至・細川秀毅・示野貞夫・竹田正彦：日水誌，**54**，229-233 (1988).
3) A. M. Mackie and J. W. Adoron : *Comp. Biochem. Physion.,* **60A**, 79-83 (1978).
4) M. Takeda, K. Takii, and K. Matsui : *Nippon Suisan Gakkaishi,* **50**, 645-651 (1984).
5) 高岡　治・滝井健二・中村元二・熊井英水・竹田正彦：日水誌，**56**，345-351(1990).
6) K. Harada : *Nippon Suisan Gakkaishi,* **52,** 1961-1968 (1986).
7) 池田　至・細川秀毅・示野貞夫・竹田正彦：日水誌，**57**，1539-1542 (1991).
8) Y. Ishida and I. Hidaka : *Nippon Suisan Gakkaishi,* **53,** 1391-1398 (1987).
9) I. Hidaka, T. Ohsugi, and Y. Yamamoto : *Nippon Suisan Gakkaishi,* **51,** 21-24 (1985).
10) S. Kiyohara, I. Hidaka, and T. Tamura : *Nippon Suisan Gakkaishi,* **41,** 383-391 (1975).
11) 竹田正彦：遺伝，**34**，45-51 (1980).
12) 池田静徳：魚介類の微量成分，恒星社厚生閣，1981，pp. 39-46.
13) 荒井綜一・藤巻正生：味とにおいの化学（日本化学会編），学会出版センター，1976, pp. 157-168.
14) I. Hidaka, S. Kiyohara, and S. Oda : *Nippon Suisan Gakkaishi,* **43,** 423-428 (1977).
15) 原田勝彦：水産の研究，**6**，53-62 (1987).
16) K. J. Lindstedt : *Comp. Biochem. Physiol.,* **39A**, 553-581 (1971).

9. 脂　　質

坂 田 完 三*

我々はアワビなどの藻食性巻貝やウニ類などが示す各種藻類に対する選択食性に興味を抱き，生物活性天然物化学の視点から，彼らの摂餌行動を化学的に明らかにすることを目的として研究に着手した．独自の生物試験法を用いて，これら藻食性海洋生物の摂餌刺激物質として単離したのは，ジガラクトシルジアシルグリセロール（DGDG）やフォスファチジルコリン（PC）などの複合脂質であった．これまで，水産動物の摂餌誘引または刺激物質として単離されてきたものは，本書5～8章で述べられたように，アミノ酸，核酸関連物質などの水溶性物質であり，脂質類にこのような活性があることは全く知られていなかった．水中に生活する生物に対する活性物質であるため，その研究の過程を見てみると水溶性画分に最初から焦点をあてて研究されたものがほとんどであった．

ここでは我々が藻類からアワビなどの藻食性海洋動物に対する摂餌刺激物質として数種の複合脂質を単離するに至った研究の経緯と，数種の複合脂質が示す各種の藻食性海洋動物に対する摂餌刺激活性を中心に述べ，数少ないものではあるがその他の水棲動物に対する脂質類の誘引活性についても紹介する．

§1. アワビ類の選択食性と摂餌刺激物質[1~5]

浮らはエゾアワビ（*Haliotis discus hannai*）に50種類以上の各種海藻（褐藻，紅藻，緑藻）を与え，餌料効率を調べ，アワビが高い選択食性を示すことを報告していた[6]．

また原田らはクロアワビ（*H. discus*）稚貝を用いた誘引試験法を考案し，藻類がクロアワビ稚貝を誘引し，藻類のタンパク質や脂質の混合画分が有意に誘引活性を示すことや核酸関連物質にも誘引活性があることを報告していたが[7~9]，活性物質は生物活性天然物化学的には未だ明確にされてはいなかった．

* 静岡大学農学部

我々はクロアワビ稚貝を飼育しその摂餌行動の観察を行い，アワビが好んで食べるアラメのメタノール抽出物を使って種々試行錯誤の結果，結晶セルロース末（アビセル SF）を塗布したガラス板を用いる簡便で信頼性の高い生物試

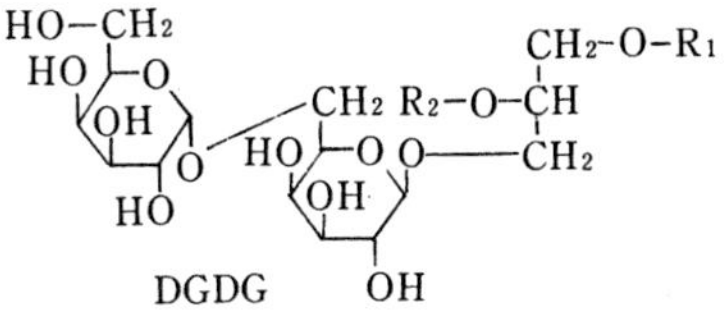

Ulva pertusa
Undaria pinnatifida
Eisenia bicyclis

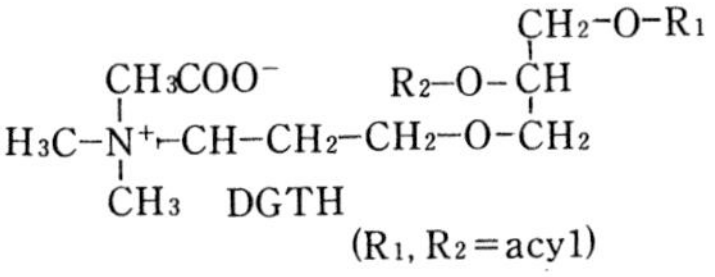

Ulva pertusa
Eisenia bicyclis

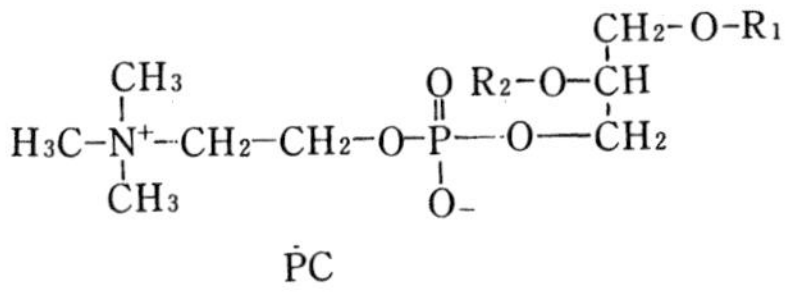

Undaria pinnatifida
Eisenia bicyclis
Soybean lecithin

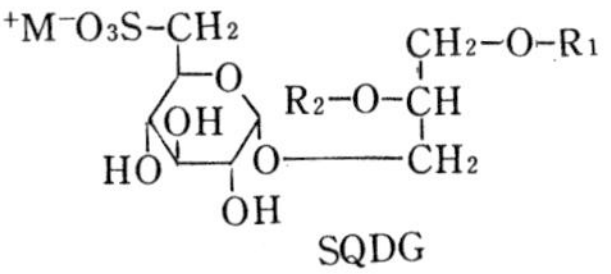

Ulva pertusa
Eisenia bicyclis

図 9·1　藻類から単離された藻食性巻貝類およびウニ類の摂餌刺激物質
R_1, R_2：C_{16-22} の飽和あるいは不飽和脂肪酸
DGDG, digalactosyldiacylglycerol；DGTH, 1,2-diacylglyceryl-4′-*O*-(*N, N, N*-trimethyl-homoserine；PC, phosphatidylchorine；SQDG, sulphoquinovosyldiacylglycerol

験法（“アビセル板法”）を確立した[10]．抽出物あるいはその分画物をアビセル板に描かれた円形のサンプルゾーンに吸着させておくと，アワビ稚貝はサンプルゾーンに吸着された抽出物の量に比例して，特有の喰み跡を残すことから，摂餌刺激物質の存在が容易に，しかも明確に判定できた．この試験法を用いて調べた藻類のうち，最も強い活性を示したワカメのメタノール抽出物から単離した活性物質は，複合脂質の DGDG と PC であった[11]（図 9·1）．

§2.　アメフラシの摂餌誘引・刺激物質

アメフラシ（*Aplysia* sp.）は貝殻が退化してしまっているが，アワビと同じ巻貝の仲間である．種々試行錯誤の結果，沪紙片を用いた摂餌誘引・刺激物質単離のための簡便な生物試験法を確立することができた[12]．これを用いてア

メフラシが好んで食するアナアオサ（*Ulva pertusa*）から単離した活性本体は，すでに筆者らがクロアワビ稚貝の摂餌刺激物質として単離している DGDG および，最近ごく限られた種類の緑藻類やシダ植物から発見された特異な化学構造を有するグリセロ脂質の 1,2-ジアシル-4′-*O*-(*N*,*N*,*N*-トリメチル)-ホモセリン（DGTH）であった[13]（図 9・1）.

§3. サザエとバテイラの摂餌刺激物質

アワビに近縁のサザエ（*Turbo cornutus*）やバテイラ（*Omphalius pfeifferi*）の口器がアワビによく似ていることから，先述の"アビセル板法"をテストしたところ，アワビの場合と全く同様に適用できることを確かめた[14]．こうして 4 種の藻食性巻貝に対する摂餌誘引・刺激物質検索用の生物試験法が確立できたので，どの巻貝類にも強い活性を示したアナアオサの抽出物に含まれる，これら 4 種の貝類に対する摂餌誘引・刺激物質の単離を試みた．ワカメの場合と同様にして，アナアオサから単離した活性物質は DGDG，PC，DGTH およびスルフォキノボシルジアシルグリセロール（SQDG）であった[15]（図 9・1）.

また藤田らはサザエが好んで摂食するイバラノリなどの紅藻類には DGDG や SQDG が含まれていることを確認した[16].

§4. ヤコウガイとサラサバテイの摂餌刺激物質

亜熱帯海域に棲むヤコウガイ（*Turbo marmoratus*）やサラサバテイ（*Trochus niloticus*）に対してもアビセル板法が適用できることを確認し，本試験法を用いてヤコウガイ稚貝に対する，餌料価値の高いムラサキコケイバラとカタメンキリンサイのメタノール抽出物には，摂餌刺激物質として DGDG，SQDG が含まれていることを明らかにした*．これら南洋海域に生息する巻貝にとってもこれら複合脂質が摂餌刺激物質であることが確かめられた.

§5. 複合脂質類の各種藻食性巻貝に対する摂餌刺激活性[4,17]

その後，アワビなどの藻食性巻貝の摂餌行動が水温に大きく影響されることがわかったため，水温を 20°C に保って試験できる試験水槽（図 9・2）に改良

---

* 玉城英信・細井龍史・坂田完三：平成 4 年度日本水産学会春季大会講演要旨集，p. 315（1992）

し，年間を通じて安定した試験結果が得られるようになった[17]．

生物試験にはアナアオサ（*Ulva pertusa*）より単離したDGDG，DGTH，SQDGおよび大豆レシチンより単離したPC，PEを用いた．これらの複合脂質の脂肪酸組成を表9·1に示す．各複合脂質の平均分子量はDGDG 914, DGTH 757, SQDG（ナトリウム塩）843, PC 774, PE 729であることがわかった．これらの複合脂質は酸化されやすいため保存する際にブチルヒドロキシトルエン（BHT）を約0.1～0.5 μg/mg添加した．なおBHTは試料中に100 μg/mgの濃度で含まれていても生物試験に影響のないことを確認している．

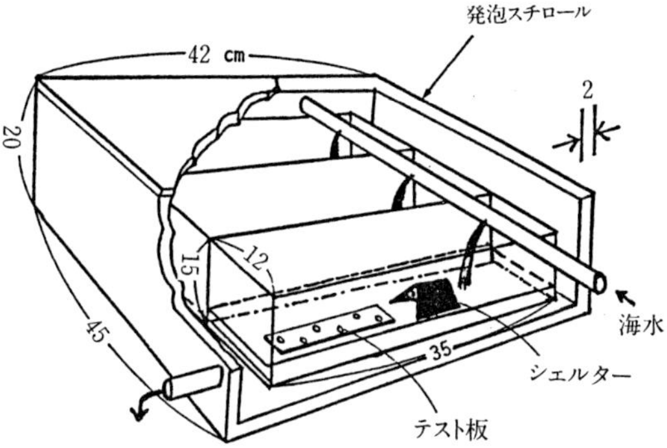

図 9·2　摂餌刺激活性試験用水槽（改良型）
塩化ビニール板で作った水槽を発砲スチロール製の箱に納め，保温をよくし，20°Cに調温した海水を循環させた（約250 ml/min）．

表 9·1　試験に用いた各種複合脂質の脂肪酸組成

脂肪酸	DGDG[a]	DGTH[a]	SQDG[a]	PC[b]	PE[b]
$C_{16:0}$	27.5[c]	27.3	40.3	15.4	20.6
:1(9)		2.4	1.2		
:2(9,12)	4.3				
:3(8,11,14)	9.5				
:4(4,8,11,14)	5.6				
$C_{18:0}$	5.0	13.2	17.1	17.0	10.5
:1(9)	15.1	7.2	3.5	62.3	62.8
:2(7,10)	32.0	10.2	37.9	5.3	6.1
3(9,12,15)					
:4(6,9,12,15)					
$C_{20:4(8,11,14,17)}$		2.4			
:5(5,8,11,14,17)		2.1			
$C_{22:5(7,10,13,16,19)}$		11.8			
Unknown	1.0	4.9			

a：アナアオサから単離　　b：大豆レシチンから単離
c：各脂肪酸のメチルエステルのGLC分析におけるピーク面積の割合（%）

クロアワビ，サザエの稚貝およびバテイラを用いた予備試験の結果，DGDG 40 μg は全試験動物に対し96%の確率で再現性よく ++ の活性（サンプルゾーンがほとんど食べ尽くされる）を示した[17]．そこでこの DGDG 40 μg を試験動物が正常に反応しているかどうかを判定する基準（positive control）として用いた．活性の判定は，ゾーンの内外で明らかに差のある場合に＋とし，次の2つの条件を満たす場合に，++とした．(1) 試験板全体に索餌行動の跡が認められ，さらに positive control の DGDG の活性が ++ である時，8回以上のテストで80%以上の確率で ++ の活性を示すこと．(2) (1)の条件を満たす量を x μg とした時，その活性と $(x-10)$ μg の活性に明らかな差が認められること．

また，各複合脂質の生物試験中の海水中への溶出度は，活性判定に大きく影響する．そこで，各複合脂質 200 μg をアビセル板上の直径 33 mm のサンプルゾーンに吸着させた．この試験板を各試料につき2組作成した．このうち1つは 20～21°C の海水が循環する試験水槽中に12時間沈め，乾燥後ゾーンをかきとり，内部標準としてベンジルアルコールを加えた 500 μl のメタノールで抽出し，HPLC 分析に供した．水槽中に沈めた試料の回収率は，12時間後で，DGDG, DGTH, SQDG, PC, PE でそれぞれ，77，87，98，70，80%で，各試料は試験中にはごく一部しか溶出されていないことがわかった．以上より，下記のことが明らかとなった（表 9･2）．

表 9･2　各種複合脂質の藻食性巻貝に対する摂餌刺激活性[17]

	アワビ *Haliotis discus*		サザエ *Turbo cornutus*[a]		バテイラ *Omphalius pfeifferi*	
	+[b]	++[c]	+	++	+	++
DGDG[d]	5	30	10–5	30	10–5	30
DGTH[d]	10	30	20	80	20–10	50
SQDG[d]	50	>300	20–10	40	10	50
PC[e]	5	40	10	50	20	80
PE[e]	>200	>200	20–10	50	20	40

a：殻高 10mm の稚貝を用いたためサンプルゾーンの面積は他の場合の約半分にした．
b：10回のテストで80%以上の確率で＋の活性を示す各サンプルゾーン（径 23mm）当たりの最少サンプル量
c：同上条件で＋＋の活性を示す最少サンプル量　　d：アナアオサから単離
e：フォスファチジルエタノールアミン（大豆レシチンから単離）

(1) アワビが DGDG, PC, DGTH に対して80％以上の確率で＋＋を示す量は 30〜40 μg の範囲にあったが, PE には 200 μg でも全く活性が認められなかった. PC と PE の構造上の違いは極性部の末端が $-N^+(CH_3)_3$ であるか $-N^+H_3$ であるかの違いである. これらのことからアワビの化学受容器は, サザエ, バテイラとは異なり感度も選択性も高いものであることが示唆された.

(2) サザエ, バテイラでは, DGDG は 30 μg と最も少ない量で＋＋の活性が認められることが判る. また, この活性を示すにはサザエでは DGTH が 80 μg, バテイラでは PC が 80 μg 必要であり, アワビほどではないが, サザエ, バテイラの化学受容器にも選択性があることがわかった.

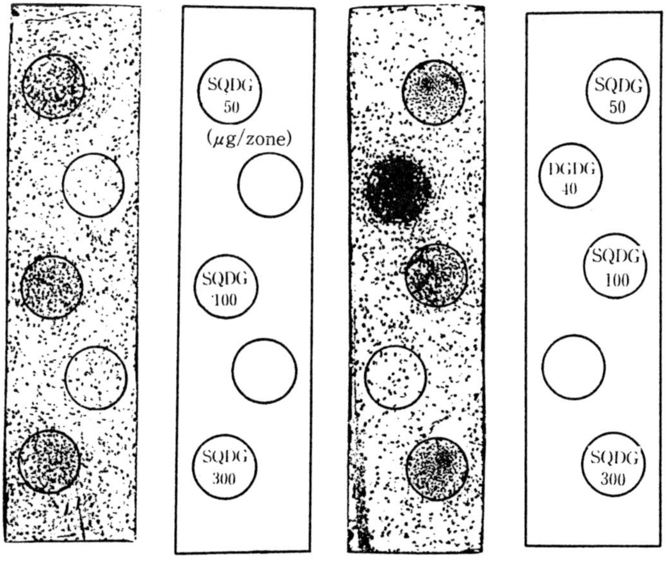

図 9･3　クロアワビ稚貝に対する SQDG の摂餌刺激活性結果
殻長 20〜30 mm（ふ化後1.5〜2年）のクロアワビ稚貝15個体を用いて試験した. サンプル量を 300 μg にまで増やしても摂餌刺激活性はほとんど変化がないことが再現性よく示されている.

(3) SQDG はサザエ, バテイラを試験動物とした場合, それぞれ 40 μg, 50 μg で++の活性が認められた. しかしながら, アワビを試験動物とした場合はサンプル量を 300 μg/zone まで増加させても＋以上の活性を示さなかった (図 9･3).

以上のように，DGDG は3種の藻食性巻貝類に共通して非常に強い活性を示すこと，SQDG はアワビに対してサンプル量を 300 μg/zone まで増加させても＋以上の活性を示さないなど，他の活性物質とは全く異なる dose response を示すことなど，これら複合脂質のもつ摂餌刺激物質としての新たな興味深い性質がわかった[19]．

§6. ウニ類の摂餌刺激物質[2,3]

町口らは“アビセル板法”をエゾバフンウニの摂餌刺激物質の検索に適用できることを見出した．強い刺激活性を示したアラメのメタノール抽出物から単離した主な活性物質は，複合脂質の PC, DGDG, SQDG であった．そこで PC が主成分であることが知られている大豆レシチンを調べて見ると，PC とフォスファチジルエタノールアミン (PE) が主たる活性成分として単離された[18]．これら複合脂質は藻食性巻貝類の摂餌刺激物質であるばかりでなく，棘皮動物のウニ類の摂餌刺激物質でもあったことは大変興味深い．

§7. その他の水棲動物に対する脂質の摂餌刺激活性

原田らは褐藻の (*Ishige okamurai*) の脂質画分にクロアワビ稚貝に対する誘引活性が認められたことから，トリグリセリドや数種の PC 関連化合物を調べ，トリステアリンやフォスファチジルイノシトールや大豆レシチンに有意な誘引活性があることを報告している[19]．また PC はブリの稚魚に対しても誘引活性を示し，PC の *N*-メチル基が少なくなるに従い活性が低下する[20]ことは，上記 PC, PE のアワビに対する摂餌刺激活性と符合しており，非常に興味深い．

住血吸虫の宿主である淡水産巻貝 (*Biomphalaria glabrata*) の稚貝の摂餌誘引物質の検索の過程で，これらの巻貝の稚貝が各種アミノ酸ばかりでなく，C_3～C_5 の直鎖脂肪酸やヒドロキシ酸，ケト酸に誘引されることが報告されている[21,22]．その後，近縁の淡水産巻貝の *Bulinus rohlfsi* では *B. glabrata* の場合と様相は相当に異なり，プロピオン酸は忌避効果があることや，C_6～C_8 の直鎖脂肪酸に誘引効果があり，中でも C_8 の短鎖脂肪酸だけは貝の齢に関係なく誘引効果があることが明らかにされた[23]．しかしながらC_6～C_8 の直鎖脂

肪酸は *B. glabrata* には誘引効果がないなど，この2種の淡水産巻貝の各種化合物に対する応答は相当に異なっていることが示されている[23]ことは化学生態学的に興味深い.

また極く最近，上述の *B. glabrata* がその飼育用餌料のレタスの脂質画分に誘引されることから，遊離脂肪酸やそのステロイド誘導体などを独自の試験法で調べ，それらに誘引活性があり，オレイン酸のコレステロールエステルは 25 μg で活性を示すことを明らかにしている[24].

摂餌行動は生物の生命にかかわる必須の行動であり，この行動のかぎを握る因子の1つである摂餌誘引・刺激物質が，すでに明らかにされているアミノ酸や核酸関連物質などの水溶性物質ばかりでなく，生体膜の成分として生物界に広く分布する PC や DGDG などの複合脂質や遊離脂肪酸およびそのコレステロール誘導体などの脂溶性物質も含まれることが明らかになった．このような新しい視点から，今まで精力的に行われてきた魚介類の摂餌行動の化学的研究を見直すとき，新しい局面の展開があるものと期待される.

文　献

1) K. Sakata : Bioorganic Marine Chemistry, Vol. 3 (ed. by P. Scheuer), Springer-Verlag, 1989, pp. 115–129.
2) 坂田完三：海洋生物のケミカルシグナル（北川　勲・伏谷伸宏編），講談社，1989, pp. 7–46.
3) 坂田完三：化学で探る海洋生物の謎（化学増刊 121），(安元　健編)，化学同人，1992, pp. 79–86.
4) 坂田完三：水産の研究，**11**，56–62(1992).
5) K. Sakata and K. Ina : Abalone of the World : Biology, Fisheries and Culture (ed. by S. A. Shephard *et al.*), Fishing News Books, 1992, pp. 182–192.
6) N. Uki, M. Sugiura, and T. Watanabe : *Bull. Japan. Soc. Sci. Fish.*, **52,** 257–266 (1986).
7) K. Harada and O. Kawasaki : *Bull. Japan. Soc. Sci. Fish.*, **48,** 617–621 (1982).
8) K. Harada, S. Maruyama, and K. Nakano : *Bull. Japan, Soc. Sci. Fish.*, **50,** 1541–1544 (1984).
9) K. Harada : *Bull. Japan. Soc. Sci. Fish.*, **52,** 1961–1968 (1986).
10) K. Sakata, T. Itoh, and K. Ina : *Agric. Biol. Chem.*, **48,** 425–429 (1984).
11) K. Sakata and K. Ina : *Bull. Japan, Soc. Sci. Fish.*, **51,** 659–665 (1985).
12) K. Sakata, M. Tsuge, and K. Ina : *Marine Biol.*, **91,** 509–511 (1986).
13) K. Sakata, M. Tsuge, Y. Kamiya, and K. Ina : *Agric. Biol. Chem.*, **49,** 1905–1907 (1985).
14) K. Sakata, T. Sakura, Y. Kamiya, and K. Ina : *Nippon Suisan Gakkaishi*, **54,** 1715–1718 (1988).
15) K. Sakata, T. Sakura, and K. Ina : *J. Chem. Ecol.*, **14,** 1405–1416 (1988).

16) D. Fujita, H. Okada, and K. Sakata,: *Bull. Toyama Pref. Fish. Exp. Stn.*, No. 2, 41–51 (1990).
17) K. Sakata, K. Kato, Y. Iwase, H. Okada, K. Ina, and Y. Machiguchi: *J. Chem. Ecol.*, **17,** 185–193 (1991).
18) K. Sakata. K. Kato, K. Ina, and Y. Machiguchi: *Agric. Biol. Chem.*, **53,** 1457–1459 (1989).
19) K. Harada: *Bull. Japan. Soc. Sci. Fish.*, **52,** 1961–1968 (1986).
20) K. Harada: *Bull. Japan. Soc. Sci. Fish.*, **53,** 2243–2247 (1987).
21) J. D. Thomas, B. Assefa, C. Cowley, and J. Ofosu-Barko: *Comp. Biochem. Physiol.*, **66C,** 17–27 (1980).
22) P. R. Sterry, J. D. Thomas, and R. L. Patience: *Freshwater Biol.*, **13,** 465–476 (1983).
23) J. D. Thomas, G T Ndifon, and F. M. A. Ukoli: *Comp. Biochem. Physiol.*, **82C,** 91–107 (1985).
24) A. A. Marcopoulos and B. Fried: *J. Chem. Ecol.*, **19,** 2593–2598 (1993).

10. テルペン

伊奈和夫*1

テルペン類は構造単位からみるとモノ，セスキでは特定な香，味をもつものが多く，その他では構造も複雑になり，親油性なども高まるためか魚介類の摂餌刺激に関する報告はほとんど見当らない．そこで，本稿では摂餌阻害物質*2に焦点を当て考察する．

筆者ら[1]はこれまでに藻食性巻貝類に対する摂餌刺激物質の研究を進め，数種の複合脂質類がその中心であることを明らかにした．

これらの複合脂質類は植物界に広く普遍的に存在するものである．それにも係わらず，アワビなどの藻食性巻貝類は選択食性を示すことが明らかになった．このような選択食性は，藻体表面の物理的性状と同時に化学的な摂餌阻害物質の存在が指摘され，我々はこの観点から研究を開始した．

§1. 摂餌阻害物質検索用生物試験法

筆者ら[2]は先に摂餌刺激物質検索のための生物検定法（アビセル板法）を考案した．この方法の一部改良により阻害物質の検索が可能となった[3]．アビセル板上のサンプルゾーンに刺激物質である Digalactosyldiacylglycerol (DGDG) 40μg と阻害活性をもつと思われる海藻のメタノール抽出物を混合塗布する．DGDG のみ塗布した部分の活性とサンプルゾーンの活性を比較して摂餌阻害活性を判定する（図 10･1）．

§2. 摂餌阻害物質

2･1 紅藻ホソユカリ (*Plocamium leptophyllum*)　ホソユカリはエゾアワビ (*Haliotis discus hannai*) に摂餌されず，またメタノール抽出物はア

*1 静岡大学農学部

*2 本稿では藻食性動物が摂食しない物質を“摂餌阻害物質”“摂食阻害物質”と記しているが，両者とも同一の活性を意味するものと思われる．原報に忠実に両者を用いる．

ビセル板法において，バテイラ（*Omphalius pfeifferi*），サザエ（*Turbo cornutus*）およびクロアワビ（*H. discus*）に対して摂餌阻害性をもつことが認められた．そこで筆者ら[4]はこの海藻のメタノール抽出物から活性物質の分離を

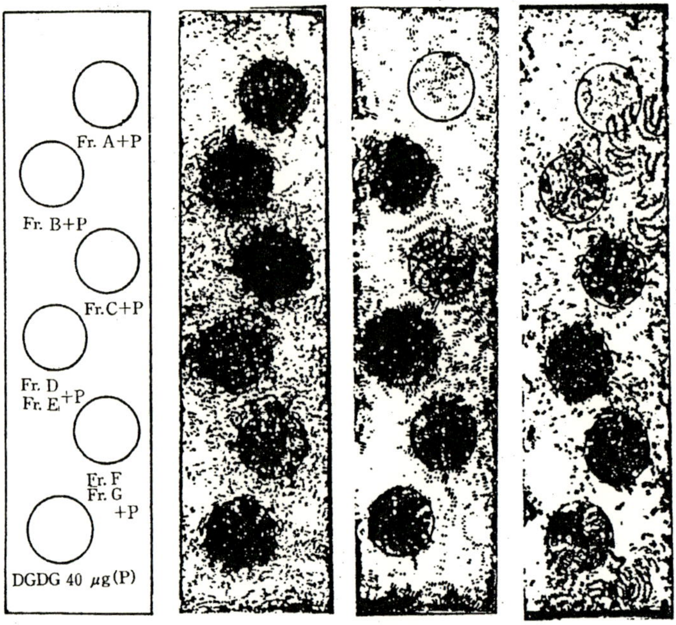

図 10·1　アビセル板を用いた摂餌阻害物質検索用試験法[3)]
ホソユカリのメタノール抽出物の各画分〔Fr. A～G（乾燥藻体の 10 mg 相当量）〕に DGDG 40μg を混ぜ，各サンプルゾーンに吸着させた．摂餌阻害活性は DGDG 40μg のみのサンプルゾーンに残された食み跡との比較から容易に判定できる．Fr. F. G. は複合脂質画分である．Fr. A に強い摂餌阻害活性が認められる．

行い，活性の本体がアメフラシ[5)]やユカリ科紅藻から殺虫成分として単離されている[6)]ハロゲン化モノテルペン aplysiaterpenoid A (**1**) であると決定した[4)]（図 10·2）.

2·2　褐藻ヘラヤハズ（*Dictyopteris prolifera*）　ヘラヤハズのメタノール抽出物はアビセル板法により阻害活性が認められた．活性物質の単離，構造研究が行われた．同属の褐藻（*D. prolifera*）から抗菌性物質として単離されている zonarol (**2**) および isozonarol (**3**) と同定され[7)]，これらの物質はサ

ザエ，バテイラなどに強い摂餌阻害活性を示すことが認められた．

2·3 ジャイアントケルプ（*Macrocytis* sp.）**およびラッパモク**（*Turbinaria ornata*）　ジャイアントケルプはエゾアワビ，ラッパモクはバテイラに対してそれぞれ摂餌阻害活性を示し，活性物質も明らかにされたが，活性物質がテルペン類以外のものであることから詳しくは文献[7,8]を参照されたい．

2·4 褐藻アミジグサ科（*Dictyotaceae*）　谷口ら[9]は水産資源の増養殖のため放流した海洋植食性動物であるアワビやウニなどがアラメ，カジメなどを好んで摂食した後にはアミジグサ科の海藻群落が形成されることを観察した．そしてこの現象を化学生態的視点から考察し，磯焼けはアワビ，ウニなどの選択食性が原因であると考え研究を開始した．

摂食阻害物質検索のための生物検定法は基本的にはアビセル板改良法[3]と同じであるが，直径20 cm のセルロース・アルミニウム板を用い，周縁部に直径2 cm の円を等間隔に描き，試料区，対照区を交互に配した点および摂食選択性指数を求める点などが改良された[10]．同氏らはこの方法を用いた活性物質の分離を行った．

1）**褐藻フクリンアミジ**（*Dilophus okamurai*）：岩手県宮古地方沿岸では，コンブ科褐藻マコンブ（*Laminaria japonica*）の群落が消滅するとアミジグサ科フクリンアミジがそれに代って優占する．その結果，エゾアワビやウニ類（*Strongylocentrotus nudus*）が逸散してしまう．白石ら[10]と谷口ら[10]はこの原因がフクリンアミジにあると考え，宮城県および岩手県で採集した海藻のメタノール抽出物から活性物質の単離・精製を行い，2種のクベバン型 diterpene alcohol, (**4**), (**5**)，3種のスパタン型 diterpene alcohol, (13Z)-spata-13-(15), 17-diene-10-ol (**6**), spata-13, 17-diene-10-ol(**7**), (13Z)-spata-13-(15), 17-diene-10-diol(**8**) および2種のセコスパタン型 diterpene (**9**) および (**10**) を構造決定した．

フクリンアミジは上記のような数種のジテルペンアルコールを二次代謝産物として生成し，これらによって摂食動物に対し阻害を行っていると結論した．

また，2種の diterpene alcohol (**6**) および (**7**) はエゾアワビの被面子幼生の着底，変態に対して阻害作用をもつことも発見した[11]．

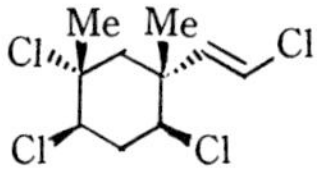
1

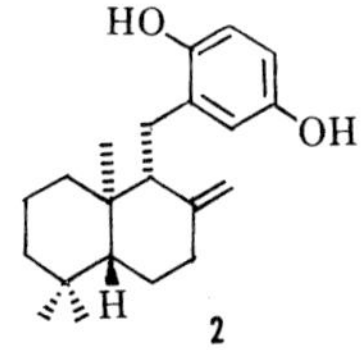
2

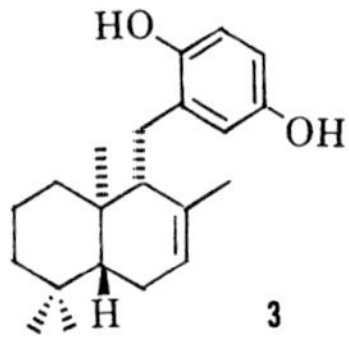
3

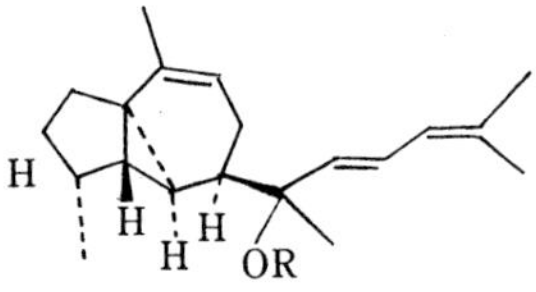
R = CH_3　4

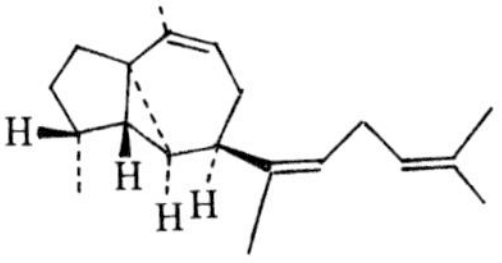
5

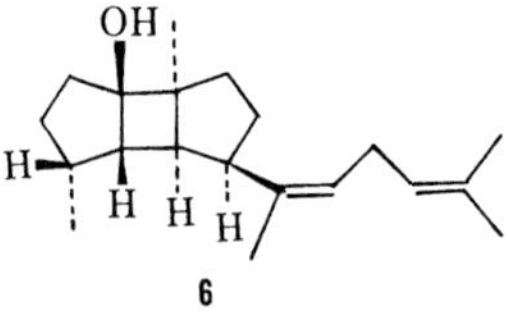
6

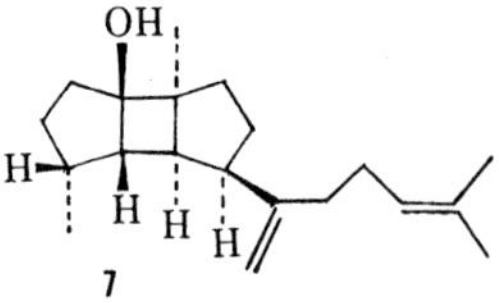
7

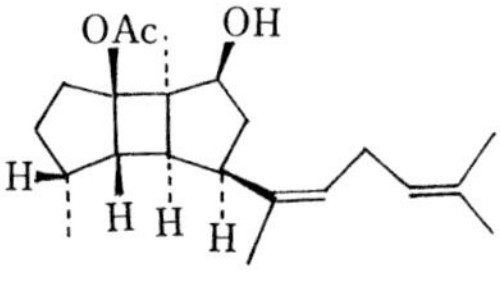
8

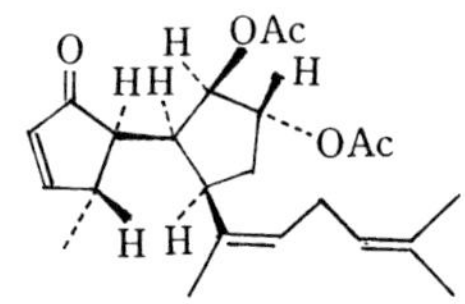
9

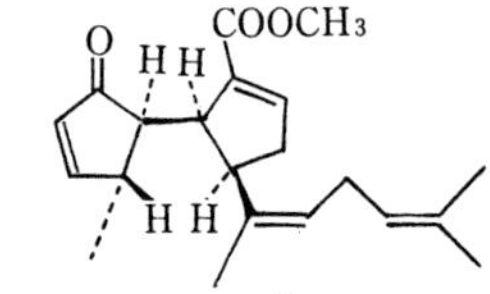
10

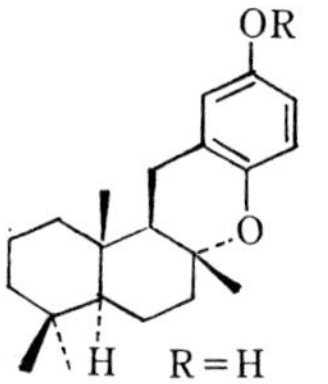
R = H
11

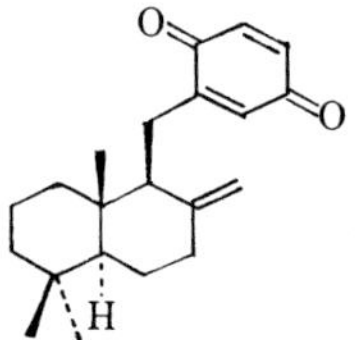
12

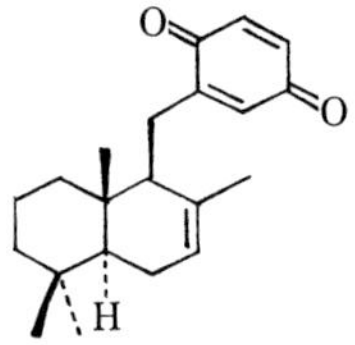
13

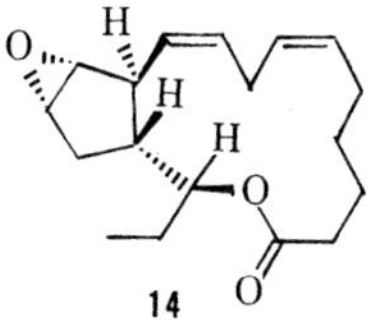
14

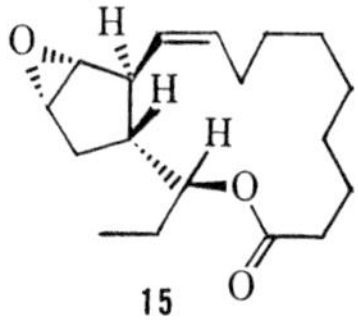
15

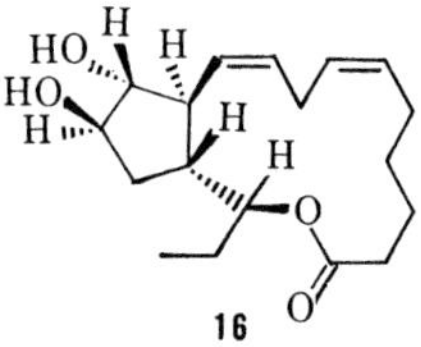
16

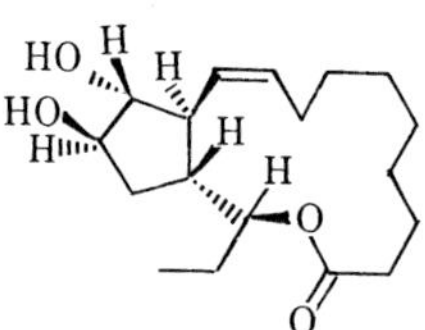
17

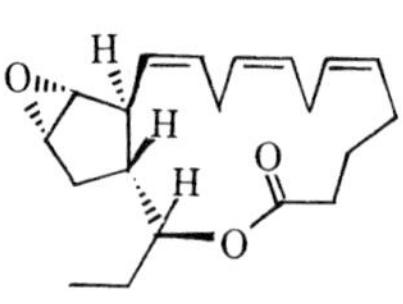
18

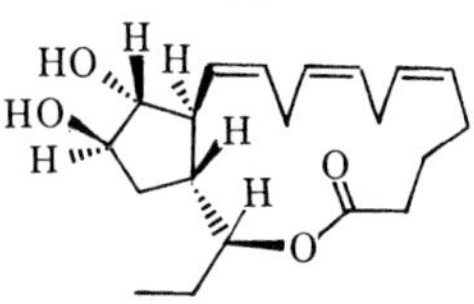
19

図 10·2　種々の海藻から

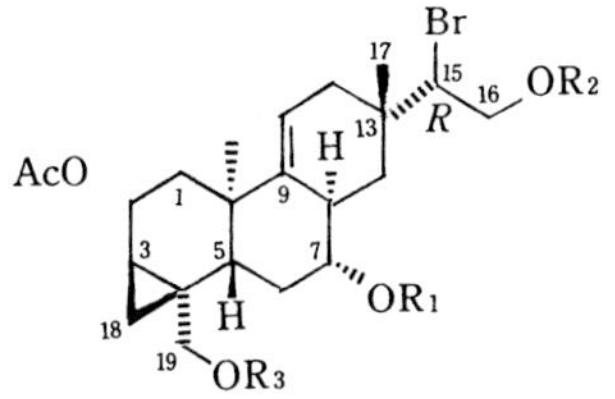

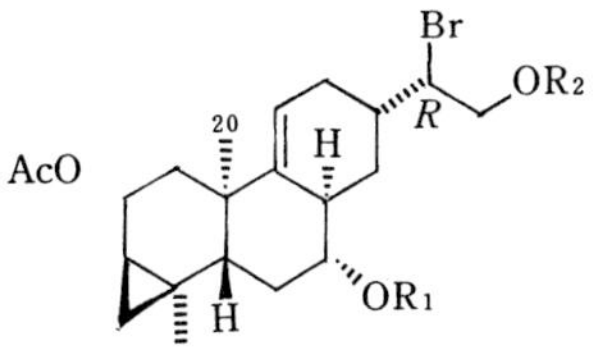

26 Deoxyparguerol ($R_1=R_2=H$)
27 Deoxyparguerol 16-acetate ($R_1=H_1$, $R_2=Ac$)

20 Parguerol ($R_1=R_2=R_3=H$)
21 Parguerol 7-acetate ($R_1=Ac$, $R_2=R_3=H$)
22 Parguerol 16-acetate ($R_2=Ac$, $R_1=R_2=H$)
23 Parguerol 19-acetate ($R_3=Ac$, $R_1=R_2=H$)
32 Parguerol 7,16-dlacetate ($R_1=R_2=Ac$, $R_3=H$)
24 Parguerol 16,19-dlacelate ($R_2=R_3=Ac$, $R_1=H$)
25 Parguerol 7,16,19-tllacelate ($R_1=R_2=R_3=Ac$)

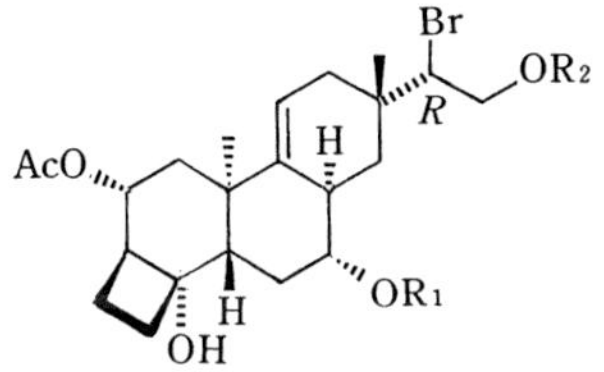

28 Isoparguerol ($R_1=R_2=H$)
29 Isoparguerol 7,16-dlacelate ($R_1=R_2=Ac$)

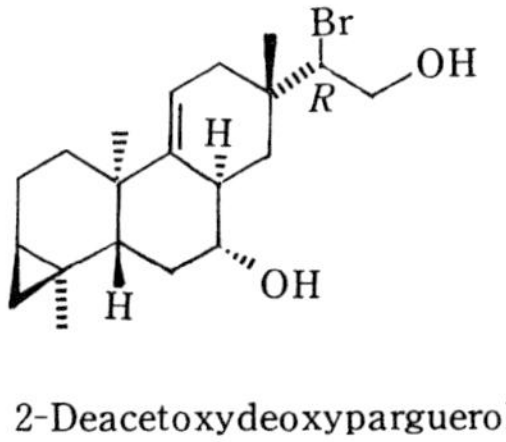

30 2-Deacetoxydeoxyparguerol

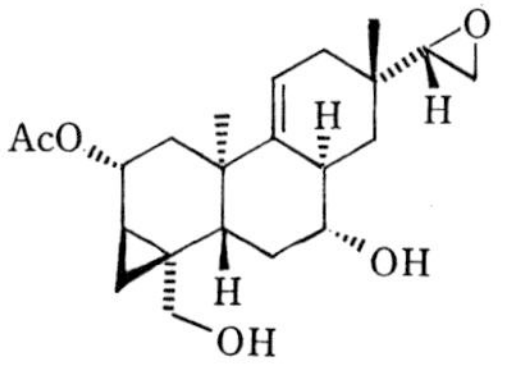

31 Epoxyparguerol

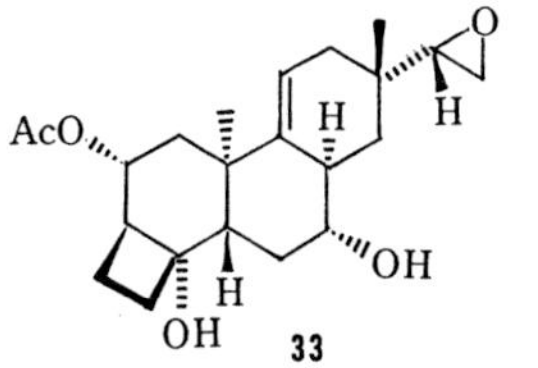

33

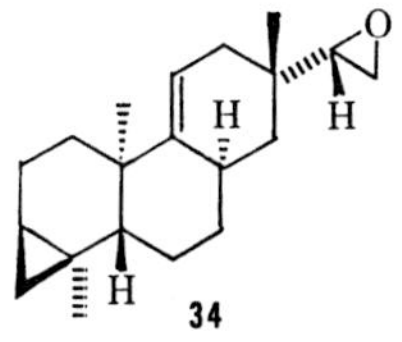

34

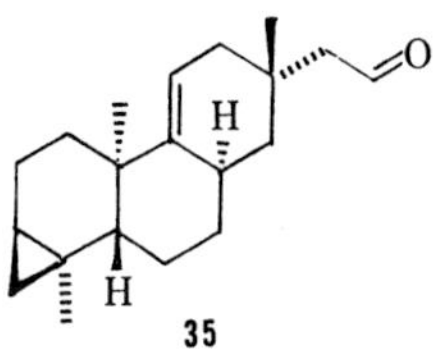

35

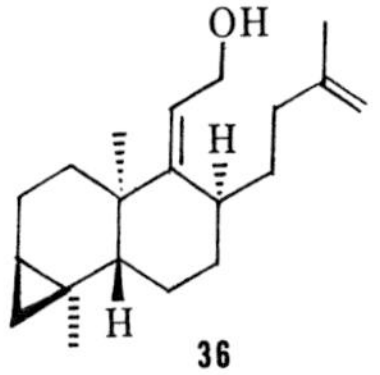

36

得られた摂食阻害物質

2) **褐藻シワヤハズ** (*Dictyopteris undulata*)：秋田県金浦町飛の沿岸はクロアワビの天然発生地域として知られている．谷口ら[12]は当沿岸の海藻植生調査を行い，サンゴモ科サビ亜科紅藻，無節サンゴの優占群落に混じってアミジグサ科シワヤハズとアミジグサ (*Dictyota dichotona*) が濃密に生息していることを観察した．

アミジグサ科の褐藻には一般に植食動物に対し，摂食阻害物質を含むことが多く，シワヤハズにもその可能性が考えられた．そこで，エゾアワビを用い，阻害物質の分離を行い，5種のセスキテルペン誘導体, zonarol (**2**), isozonarol (**3**), chomazonarol (**11**), zonarone (**12**), および isozonarone (**13**) を同定した[12]．化合物 **2** および **3** は坂田ら[7] が褐藻ヘラヤハズからサザエ，バテイラに対し摂餌阻害活性をもつ物質として分離したものであり，これらの構造の一部に植食動物の摂食を阻害する活性のあることが考えられた．

3) **褐藻エゾヤハズ** (*D. divaricata*)：エゾヤハズはフクリンアミジ，またはシワヤハズに近縁であり，これらの藻類とともに生育しており，エゾアワビに対して餌料価値が極めて低いことも知られている．

白石ら[13]は上記現象がエゾヤハズに含まれる摂食阻害物質に起因すると考え，活性物質の分離を試みた．キタムラサキウニおよびエゾアワビに対する活性を指標に分離を進め，両植食動物に対して極めて強い活性をもつ chromazonarol (**11**) を単離した．この物質はシワヤハズから分離された活性物質であり，近縁種では同一物質が阻害の中心となっていることが示された．

2·5 褐藻コンブ科 (*Laminariaceae*)

1) **褐藻ツルアラメ** (*Ecklonia stolonife*)：ツルアラメは北海道から九州北岸の日本海沿岸に広く分布しているコンブ科カジメ属の海藻である．長さ10〜20 cm の茎状部に30〜100 cm の葉状部をもち，外観的には餌料植物としての可能性が考えられるが，ほとんど摂食されない．

谷口ら[14]は上記理由を明らかにするため，エゾアワビを試験生物として阻害物質の検索を行った．

ツルアラメと比較のためアラメ (*Eisenia bicyclis*) およびアントクメ (*Eckloniopsis radicosa*) を用い，エゾアワビに対する活性を指標に物質の分離を試みた．阻害活性をもつ物質は先に坂田ら[7] がジャイアントケルプから摂餌阻害物質として分離したフロログルシノールを構成単位とするタンニンと同一物質であることを確認した．またこの成分は比較のために用いたアラメ，アントクメに対しツルアラメに圧倒的に多く含まれることも認めた．

最近に至り，Kurata ら[15]はフロロタンニン以外の活性画分から活性物質群を分離した．それらは天然物としては珍しい14員環ラクトン構造をもつ4種の化合物，ecklonialactone-A (**14**), -B (**15**), -C (**16**), -D (**17**), と16員環ラクトン構造をもつ2種の化合物 ecklonialactone-E (**18**) および-F (**19**)であった．

これらの中で，**14**, **15**, **18**は摂食阻害および細胞増殖阻害活性を示すが，他の物質は両活性を示さなかった．

2) **アラメ** (*E. bicyclis*)：アラメは，アワビやウニなどの有用な植食動物の最適な餌料海藻とされている．しかし，アワビやウニが摂食する場合，天然藻体を直接摂食することは少なく，離脱側葉とか基質から脱落した藻体を摂食しているといわれる．この理由を明らかにするため，谷口ら[16]はアラメから摂食阻害に関係する物質としてフロロタンニンを分離した．このものの含量は前項ツルアラメに比較して非常に少量である．しかも水溶性であることを考えるとアラメでは生育状態が旺盛な時のものを直接摂食するより採集後，水溶性部分が多少減少した時のものを摂食する方が動物にとって有効であると考えられ，上記現象を説明することが可能となった．

2·6 紅藻マギレソゾ (*Laurencia obtuse*) アワビ，ウニなどの植食動物が好んで摂食する大型の海藻群落が消滅した跡に紅藻無節サンゴの優占群落が形成され，いわゆる磯焼け現象を起こす．また，この海域には紅藻マギレソゾが生育している．

蔵多ら*3はこの現象からマギレソゾには摂食阻害物質の存在を推定し，この海藻からキタムラサキウニに対する摂餌阻害活性を指標に活性物質の分離を行った．活性物質は含臭素ジテルペン類とトリテルペン類 parguerol (**20**), parguerol 7-acetate (**21**), parguerol 16-acetate (**22**), parguerol 19-acetate (**23**), parguerol 16, 19-diacetate (**24**), parguerol 7, 16, 19-

*3 蔵多一哉・谷口和也・鈴木 稔：第37回香料，テルペンおよび精油化学に関する討論会講演要旨集，p. 268-270 (1993) triacetate (**25**), deoxyparguerol (**26**), deoxyparguerol 16-acetate (**27**), isoparguerol (**28**), isoparguerol 7, 16-diacetate (**29**), 2-deacetoxydeoxyparguerol (**30**), epoxgparguerol (**31**), parguerol 7, 16-diacetate (**32**), および化合物 (**33**), (**34**), (**35**), (**36**) であった．これらの中で，化合物 **25**, **27**および**30**は強い摂食阻害活性を示し，化合物**33**から**36**は中程度，残りの物質は弱い活性であったことを報告している．

2·7 紅藻ハケサキノコギリヒバ (*Odonthalia corymbifera*)　Kurataら[15]は北海道広尾海域でエゾバフンウニの稚貝を放流し，6ヶ月後に海底の海藻の状態を調べた．摂食可能な藻類はほとんど摂食され，摂食に不適なハケサキノコギリヒバのみが大量に残っており，餌料価値のないことを観察した．そこで，この海藻のメタノール抽出物からエゾバフンウニの摂餌阻害活性を指標に活性物質の分離を行い，7種類のブロモフェノール類を得た．本項の目的から多少外れるので詳しくは原報[15]を参照されたい．

紅藻類が含有する含ハロゲン二次代謝産物は，坂田ら[4]の分離した化合物**1**も含めて考えるとき，藻食動物全般に対し化学的な防御を担っているのではないかと考えられた．

§3. 海藻摂餌阻害物質

坂田ら[7]は摂餌阻害物質の研究が藻食性動物と藻類の生態系を理解するのに重要であるとの観点から，また谷口，蔵多ら[15]は藻類の化学生態学的視点より，磯焼け海域に生存する藻類に対する観点から，摂餌阻害物質の研究が進められた．

藻類には，元来，藻食性動物に対する摂餌誘引・刺激物質が普遍的に含まれているはずである．ところがこれに対し，藻食性動物が藻類に対して選択食性を示すことは，藻類と藻食性動物の共進化の過程で，藻類の一部が二次代謝産物として摂食阻害物質を生産・保持するようになったためであり，この現象の進んだものが特定藻類による優占群落の形成“磯焼け”にも連らなるものと考えられた．

文献

1) 坂田完三：水産の研究, **11**, 56-62 (1992).

2) K. Sakata, T. Itoh, and K. Ina : *Agric. Biol. Chem.*, **48**, 425-429 (1984); K. Sakata, T. Sakura, T. Kamiya, and K. Ina : *Nippon Suisan Gakkaishi*, **54**, 1715-1718 (1988).

3) K. Sakata, Y. Iwase, K. Kato, K. Ina, and Y. Machiguchi : *Nippon Suisan Gakkaishi*, **57**, 261-265 (1991).

4) K. Sakata, Y. Iwase, K. Ina, and D. Fujita : *Nippon Suisan Gakkaishi*, **57**, 743-746 (1991).

5) T. Miyamoto, R. Higuchi, N. Marubayashi, and T. Komori : *Libigs Ann. Chem.*, **1988** 1191-1193 (1988).

6) K. Watanabe, M. Miyakodo, N. Ohno, A. Okada, K. Yanagi, and K. Moriguchi : *Phytochemisty*, **28**, 77-78(1988).

7) 坂田完三：水産の研究, **12**, 84-87 (1993).

8) Y. Sawai, Y. Fujita, K. Sakata, and E. Tamashiro : *Fishries Science*, **60**, 219-221 (1994).

9) 谷口和也・白石一成・蔵多一哉・鈴木　稔：日水誌, **55**, 1133-1137 (1989).

10) K. Kurata, K. Taniguchi, K. Shiraishi. and M. Suzuki : *Phytochemistry*, **29**, 3453-3455 (1990); 白石一成・谷口和也・蔵田一哉・鈴木　稔：日水誌, **57**, 1591-1595 (1991)；谷口和也・蔵多一哉・鈴木稔・白石一成：日水誌, **58**, 1931-1936 (1992).

11) 谷口和也・白石一成・蔵多一哉・鈴木　稔：日水誌, **55**, 1133-1137 (1989).

12) 谷口和也・山田潤一・蔵多一哉・鈴木　稔：日水誌, **59**, 339-343 (1993).

13) 白石一成・谷口和也・蔵多一哉・鈴木　稔：日水誌, **57**, 1945-1948 (1991).

14) 谷口和也・蔵多一哉・鈴木　稔：日水誌, **57**, 2065-2071 (1991).

15) K. Kurata, K. Taniguchi, K. Shiraishi, N. Hayama, I. Tanaka, and M. Suzuki : *Chem. Lett.*, **1989**, 267-269; K. Kurata, K. Taniguchi, K. Shiraishi, and M. Suzuki: *Phytochemistry*, **33**, 155-158 (1993).

16) 谷口和也・秋元義正・蔵多一哉・鈴木　稔：日水誌, **58**, 571-575 (1992)；谷口和也・蔵多一哉・鈴木　稔：日水誌, **58**, 577-581 (1992).

11. 糖質と有機酸

原田勝彦*・宮崎泰幸*

糖質や有機酸が魚介類の摂餌化学刺激に関与するという，古い間接的事実がある．1898年，Otter[1]は，“The Modern Angler”の中で桜桃がフナに好ましい餌であることを紹介している．桜桃は一般に主成分として Fru などの単糖類と酢酸などの有機酸を多量に含んでいること[2]から，これら糖類や有機酸類が摂餌化学刺激に寄与している可能性を秘めている．さらに直接的な証拠として1967年，Carr[3,4]はオリイレヨフバイの一種に対して，乳酸が活性物質として，一方1971年，Jager[5]はモノアラガイの一種に Fru やスクロースが活性物質としても，濃度の高い場合には阻害物質としても働くことを報告している．本章では糖質とその糖類あるいは脂質の代謝産物である有機酸を中心にして，これら化学物が摂餌行動に及ぼす影響をとりまとめてみたい．しかし，紙数の制約上，これらすべてを紹介できないので，詳細については総説[6]を参照して頂きたい．

§1. 糖質の摂餌刺激効果

糖質の摂餌刺激効果については，古くは1967年の Hoese[7]によるハゼの一種に対する単糖類の Glc, Man, Ara, Rha と Gal の摂餌活性効果を調べた報告がある．しかしどの単糖類も活性効果を示さなかったという．一方，1971年，Jager[5]はモノアラガイの一種に対する単糖質と二糖類の摂餌活性効果を求め，その結果と併せて強い濃度依存性を明らかにしている．その後，脊椎動物（魚類），棘皮動物，節足動物，軟体動物，腔腸動物と原生動物に対する糖質の刺激効果が調べられている．これらを一括して表11·1に示した[6]．表11·1から明らかのように，軟体動物に対する研究例が多く，次いで脊椎動物と節足動物であり，その他の動物については僅少である．しかも糖質は水産動物に対して，摂餌活性物質としての役割が極めて高く，阻害物質としては殆ど皆無と

* 水産大学校

して考えてよいように思える．

1·1 脊椎動物（魚類） 調べられた魚類は5種で，ブリを除き他の4種は広塩性あるいは淡水性魚類である．ドジョウ（*Misgurnus anguillicaudatus*）

表 11·1 水産動物に対する糖質の摂餌刺激効果（活性あるいは阻害）[6]

動物門	糖質の刺激効果（活性あるいは阻害）*
脊椎（魚類）	五炭糖（ニジマス）；六炭糖（ニジマス，ドジョウ，ブリ）；二糖類（ウナギ，ニジマス，スズキ）；糖アルコール（ドジョウ，ブリ）；配糖体（ドジョウ，ブリ）
棘皮	六炭糖（ナガウニ）；二糖類（ナガウニ）
節足	六炭糖（ロブスター，カニダマシ，シオマネギ，スナガニ）；二糖類（クルマエビ，カニダマシ，シオマネギ，スナガニ）；多糖類（クルマエビ，シオマネギ）；アミノ糖（カニダマシ）
軟体	六炭糖（クロアワビ，タマキビガイ，オリイレヨフバイ，バイ，カワネジガイ，モノアラガイ）；二糖類（タマキビガイ，バイ，アメフラシ，カワネジガイ，モノアラガイ）；<u>二糖類（モノアラガイ）</u>；三糖類（カワジネガイ）；多糖類（オリイレヨフバイ，アメフラシ，カワネジガイ）；糖アルコール（クロアワビ）；配糖体（クロアワビ）
腔腸	多糖類（イソギンチャク）
原生	六炭糖（渦鞭毛虫）；二糖類（渦鞭毛虫）；<u>二糖類（渦鞭毛虫）</u>

* 五炭糖（Rib）；六炭糖（Glc, Fru, Gal, Sor, Ara, Man, Xyl あるいは Fuc）；二糖類（マルトース，スクロース，ラクトース，トレハロースあるいはセロビオース）；三糖類（メレチトース）；糖アルコール（マルチトール，ソルビトール，マンニトール，ズルシトールあるいはエリスリトール）；多糖類（でん粉，グリコーゲン，デキストリン，アミロースあるいはアミロペクチン）；配糖体（グリチルリチン，ステビオシド，エスゴシド，レバウデイオシド，フィロズルチンあるいはルブソシド）；アミノ糖（グルコサミン）

とブリ（*Seriola quinqueradiata*）について糖類（単糖類，二糖類，糖アルコールと配糖体，10^{-1} M）の摂餌誘引効果が系統的に調べられている*．その結果，この2魚種に共通して誘引効果を示した糖類は，単糖類の Fru と配糖体のグリチルリチン，ステビオシド，レバウディオシドとフィロズルチンであった．また，ドジョウに対してはレバウディオシドが，ブリに対してはグリチルリチンが最強の誘引物質であることが明らかとなった．さらに，誘引効果が濃度依存性を示すことを図 11·1 に示した．

1·2 節足動物 長尾類2種（クルマエビとロブスター），異尾類1種（カニダマシ）と短尾類5種（シオマネギ類とスナガニ）に対する研究がある．長尾類の中でクルマエビ（*Penaeus nerguiensis*）に対しての興味ある成果がある[8]．スクロース（10^{-1} M）は誘引効果が認められたのに対して，促進効果は

* 原田勝彦・宮崎泰幸：平成5年度日本水産学会秋季大会講演要旨集，p. 63（1993）.

認められないことがわかった．このことは誘引物質は必ずしも促進物質とならないことを間接的に示している．

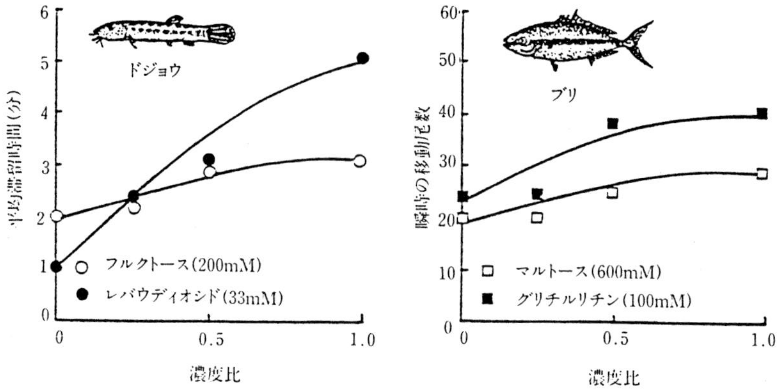

図 11·1　ドジョウとブリに対する配糖体の摂餌刺激効果（活性；誘引）*

異尾類ではカニダマシの一種（*Petrolisthes cinctipes*）に対する各種糖類（10^{-1} M）について，摂餌行動（Filter feeding）が調べられる[10]．促進効果を示す Gly に対して比較を行った．特にトレハロースは Gly の促進効果とほぼ同じであることがわかった．

短尾類の中で，シオマネギの一種（*Uca longisignalis*）の幼体と成体に対して単糖類と二糖類の促進効果が調べられている[10]．幼体では糖類 10^{-4} M 溶液中の遊泳速度を，一方，成体では糖類 10^{-1} M 溶液を浸透させた泥を鉗脚で口器に運ぶ行動をもって，効果を判定している．このように実験方法が異なるが，それらの結果を表11·2に示した．幼体ではすべての糖類に促進効果を示し，特にトレハロースに強い効果を示した．しかし，成体ではマルトースに効果が強く，幼体で認められたトレハロースに弱い効果を示した．このように成長過程によって，糖類の質の面で促進効果が相違することがわかる．これは成長過

表 11·2　シオマネギの幼体と成体に対する糖類の摂餌刺激効果（活性；促進）[10]

糖　類	幼　体（遊泳速度，mm/s）	成　体（応答個体率，%）
トレハロース	7.6	11.0
Glc	4.3	36.6
Sor	3.8	8.2
Gal	3.0	0.0
スクロース	2.5	36.6
マルトース	2.1	43.7

程で摂取する餌の化学物質の内因性に依存するとしている．Glc は幼体と成体で共通の強い促進物質とみなされる．

1·3 軟体動物 軟体動物については9編の研究があるが，すべて腹足類で7種類についての研究である．二枚貝類とイカ・タコ類についての研究成果は見当らない．

草食性腹足類の中で，クロアワビ（*Haliotis discus*）に対して，前述の魚類と同様に，甘味性糖類（10^{-1} M）の摂餌誘引性が系統的に調べられている*．その結果，単糖類，二糖類，糖アルコールと配糖体の多くに誘引効果を認めた．特に配糖体は強い誘引効果を示し，フィロズルチンは最強の誘引物質であった．さらにモノアラガイの一種（*Lymnaea stagnalis*）に対して単糖類3種と二糖類3種の摂餌促進効果が調べられている[5]．被検試料（$10^{-3.5}$～$10^{-0.5}$ M）に試験動物を入れ，摂餌周期（Eating cycle）の時間及び頻度から総合的に評価している．摂餌周期の頻度からみると，促進効果は，スクロース＞マルトース＞ラクトース＝Fru＞Glc＞Gal とみなされ，二糖類の促進効果が単糖類のそれより強いと推定される．同様な試験動物とほぼ同様な実験方法を用いて，二糖類のスクロースとマルトースに強い促進効果が報告されている[11]．しかし，図11·2に示すようにマルトースの高い濃度（10^{-1} M）では抑制効果を明らかにしている．

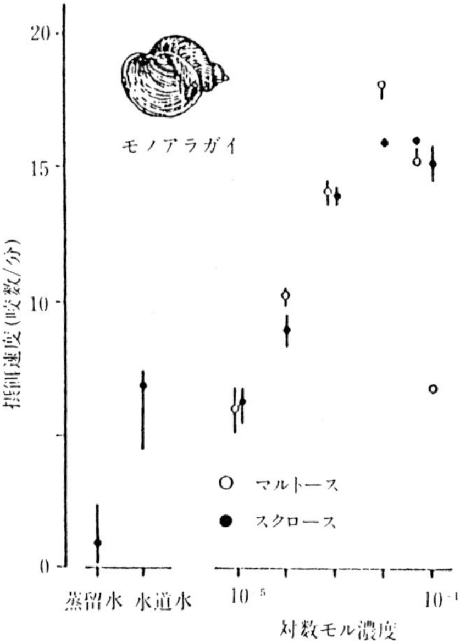

図 11·2 モノアラガイに対する二糖類の摂餌刺激効果（活性；促進[11]）

デトライタス食性，あるいは雑食性のカワネジガイの一種（*Biomphalaria glabrata*）について拡散型嗅覚測定器と口球型嗅覚測定器を用いた糖類（10^{-4} M）の詳細な研究がある[12,13]．このように実験方法が異なるが，Glc とマルトースは，いずれの嗅覚測定器でも効果を示した．しかしメレチトースとスクロースでは，拡散型で誘引または捕捉効果を示すのに対して，ロ球型でほとんど促進効果が見られない．これらの結果から，誘引または捕捉物質と促進物質が必ずしも一致しないことの間接的な証拠を示しているといえよう．また口球型嗅覚測定器を用いて，稚貝（40～59 mg）と成貝（250～350 mg）に対する糖類（10^{-2} M）の促進効果が求められている．その結果，多くの糖類に促進効果が認められたのに対して，後者では効果が貧弱で，あっても少ないことが明らかとなった．このように成長過程における現象は，前述のシオマネギの一種[10]に対する成果と全く同一である．

肉食性腹足類のオリイレヨフバイの一種（*Nassarius obsoletus*）はクルマエビの一種（*Penaeus duorarum*）の水抽出液に強く誘引されることから，この成分を主体に調べている[4]．吻の4回以上の伸展を反応個体とした．Glc（10^{-3}～10^{-2} M）の誘引効果は弱いが，グリコーゲン（10^{-2}～10^{-1} mg/m*l*）で強い誘引効果を示している．

1·4　その他の水産動物　棘皮動物，腔腸動物と原生動物についての僅かな研究がある．棘皮動物のナガウニの一種（*Lytechinus variegatus*）に対して Gal（10^{-3} M）が強い促進効果を示している[14]．腔腸動物のイソギンチャクの一種（*Stichodactyla haddoni, Gyrostoma hertwigi*）に対してグリコーゲンとでん粉（10^{-2} g/m*l*）の刺激効果は後者の種で認められたが，前者の種では認められなかった[15]．原生動物で葉緑素をもたない渦鞭毛虫の一種（*Cryptheco-dinium cohnii*）に対してラクトース（10^{-5} M）に忌避効果を認めている[16]．

§2.　有機酸の摂餌刺激効果

有機酸の摂餌に及ぼす効果については，古くは1956年の Janowitz[17] によるカキナカセガイに対するオキサル酢酸の誘引効果である．これと対照的な阻害（忌避）効果については，1978年，Ohta ら[18]によるクロツケガイに対する各種脂肪酸やフェノール化合物について研究がある．その中で，ペラルゴン酸とカプリン酸に強い阻害効果を認めている．このように初期では軟体動物の腹足類について研究が行われ，その後，脊椎動物，棘皮動物，節足動物，扁形動物，腔腸動物と原生動物について調べられている．これらを一括して表11·3に示した[6]．表から明らかのように脊椎動物と軟体動物が多く，次いで節足動物であり，その他の水産動物については僅少である．有機酸は，糖類の化学刺激

表 11·3 水産動物に対する有機酸の摂餌刺激効果（活性あるいは阻害）[6]

動物門	有機酸の摂餌刺激効果（活性あるいは阻害）*
脊椎（魚類）	一塩基性酸（ブリ，フナ）；一塩基性酸（ドジョウ）；二塩基性酸（テラピア）；二塩基性酸（ドジョウ）；三塩基性酸（テラピア）；脂肪酸（ドジョウ）；ステロール系化合物（イワナ）；アルデヒド系化合物(ニジマス)；フェノール系化合物(モンガラカワハギ)；フェノール系化合物（ニジマス，カダヤシ，モンガラカワハギ，ハアナゴ，カジカ)；チオシアン酸系化合物（キンギョ）
棘皮	一塩基性酸（クモヒトデ，アステリアス，マルトアステリアス）；二塩基性酸（クモヒトデ，マルトアステリアス）
節足	二塩基性酸（テナガエビ，カルホニアロブスター，アメリカロブスター，エンコウガニ）；三塩基性酸（カルホニアアロブスター）；脂肪酸（クルマエビ）；フェノール系化合物（ハマトビムシ，アメリカロブスター）；アルデヒド系化合物（クルマエビ）
軟体	一塩基性酸（オリイレヨフバイ，カワネジガイ）；一塩基性酸（オオシイノミガイ）；二塩基性酸(カキナカセイガイ，オリイレヨフバイ，オオシイノミガイ，カワネジガイ)；二塩基性酸（オオシイノミガイ）；三塩基性酸（カワネジガイ）；三塩基性酸（カワネジガイ)；脂肪酸（オオシイノミガイ，アメフラシ，カワネジガイ)；脂肪酸（クロツケガイ，オオシイノミガイ，カワネジガイ）；フェノール系化合物（エゾアワビ，アワビ，クロツケガイ，シイノミミミガイ)；糖酸（オリイレヨフバイ）
扁形	二塩基性酸（ナミウズムシ）
腔腸	酸性ムコ多糖（イソギンチャク）
原生	三塩基性酸（渦鞭毛虫）

* 一塩基性酸（乳酸，ピルビン酸，グリコール酸あるいはアクリル酸）；二塩基性酸（リンゴ酸，マレイン酸，コハク酸，シュウ酸，フマール酸，オキサル酢酸，ケトグタール酸あるいはマロン酸）；三塩基性酸（クエン酸，オキサロコハク酸あるいはアコニット酸）；脂肪酸（蟻酸，酢酸，プロピオン酸，酪酸，吉草酸，カプロン酸，エナント酸，カプリル酸，ペラルゴン酸，カプリン酸，ミリスチン酸，パルミチン酸，ステアリン酸，オレイン酸，リノール酸あるいはアラキドン酸）；ステロール系化合物（タウロコール酸）；アルデヒド系化合物（プロピオンアルデヒドあるいはバレルアルデヒド）；フェノール系化合物（クロロゲン酸，アントラキノン硫酸，タブジャミンアルデヒド，オクトデン，フェルラ酸あるいはタンニン酸）；チオシアン酸系化合物（イソチオシアネート）；糖酸（アスコルビン酸）；酸性ムコ多糖（ヒアルロン酸）

効果と様相を異にし，相反する効果，つまり活性（促進あるいは誘引）効果と阻害（忌避あるいは制止）効果が見られる．

2·1 脊椎動物（魚類） 魚類に対する有機酸の化学刺激効果については散発的な研究が多い．ドジョウ（*Misgurnus anguillicaudatsu*）に対して系統的に有機酸（10^{-2} M）の忌避効果が調べられている[19]．脂質代謝系カルボン酸12種と糖代謝系カルボン酸17種の大部分が忌避効果を示した．中でも，前者で酪酸が，後者でリンゴ酸が強い忌避効果を示した．生体中に広くみられ，含量の

多い乳酸やクエン酸は弱い忌避効果であった．このようにカルボン酸の忌避効果に対して，乳酸あるいはクエン酸とリンゴ酸は，それぞれブリ（*Seriola quinqueradiata*）[20] あるいはテラピア（*Telapia zillii*）[21] に促進効果を示している．

一方，植物あるいは草食性水産動物由来の代謝産物であるイソチオシアネート[22]，アントラキノン硫酸[22,23]，クロロゲン酸[24]，タブジャミンアルデヒド[25]やオクトデン[26]は魚類に対して阻害効果を示している．これは被食者の防護機能であると考えられる．

2·2 節足動物　調べた節足動物は甲殻類のみ6種である．多くの有機酸は誘引あるいは促進効果を示す場合が多く，対照的な阻害効果を示す有機酸は僅少である．共通の活性物質としてはコハク酸とリンゴ酸と推定される．

クルマエビ（*Penaeus japonicus*）に対して脂質代謝産物の脂肪酸（10^{-2} M）とアルデヒド（原液）の促進効果が求められている[27]．脂肪酸と比べて，アルデヒト類は強い促進効果を示した．糖代謝産物の有機酸について，カルフォルニアロブスター（*Panulirus interruptus*）に対する有機酸（10^{-2} M）の促進効果が調べられている[28]．このロブスターがアワビを常食するのにもかかわらず，その水抽出液に促進効果を示さなかったことが，研究の発端であった．抽出液中の有機酸を含めた各種成分の中でコハク酸とシュウ酸のみに促進効果が認められた．これに対して，阻害物質はアンモニアあるいは尿素であることも明らかにしている．

一方，アメリカロブスター（*Homarus americanus*）に対して海藻由来の代謝産物の有機酸（10^{0} M）について摂餌阻害効果が調べられている[29]．タンニン酸は表11·4に示すように摂餌阻害を起こすことが明らかとなった．

表 11·4　アメリカロブスターに対するタンニン酸の摂餌刺激効果（阻害；制止）[29]

試　料（ガラスロ紙に浸漬）	摂餌率（%）
イガイ抽出液	98
イガイ抽出液＋タンニン酸（10^{-5} M）	97
イガイ抽出液＋タンニン酸（10^{-4} M）	83
イガイ抽出液＋タンニン酸（10^{-3} M）	55

2·3 軟体動物　軟体動物については腹足類のみ11種について調べられている．腹足類に対しての有機酸の刺激効果についてはよく調べられ，相反する効果物質が見られる．古くは，カキナカセガイ（*Urosalpinx cinerea*）に対する

カキの一種 (*Crassostrea virginica*) からのオキサル酢酸の誘引効果である[17]．成長するカキの殻に，このオキサル酢酸が積極的に利用されるため，この化合物をカキナカセガイが検知するからである．しかも，その濃度は 10^{-9}～10^{-7} M と極めて低いことからも，その有効性が推定される．捕食者との化学物質による相互関係として興味ある成果である．このような糖代謝産物の有機酸 (10^{-4}～10^{-2} M) の摂餌活性効果についてオリイレヨフバイの一種 (*Nassarius obsoletus*) に対してクルマエビの一種 (*Penaeus duorarum*) の抽出成分を中心に調べられている[4]．乳酸，クエン酸，ピルビン酸，クエン酸，オキサル酢酸とアルスコルビン酸に認められた．しかし，酢酸などその他，有機酸は効果が認められていない．

脂質代謝産物の有機酸 (10^{-2} M) の摂餌活性効果について，オオシイノミガイの一種 (*Bulinus rohlfsi*) に対して，前述した拡散型嗅覚測定器を用いて誘引・捕捉あるいは忌避効果が調べられている[30]．幼体 (2～5 mg，体重) では，エナント酸とカプリル酸に，稚貝 (6～27 mg) ではカプリル酸に，成貝 (28～52mg) ではカプリル酸，マロン酸とグルタール酸に強い誘引・捕捉効果が認められている．共通の誘引・捕捉物質はカプリル酸であるが，成長段階によって効果物質が異なる．成貝になるに従って，調べた有機酸の多くに誘引・捕捉効果が見られるが，酪酸，吉草酸などが忌避効

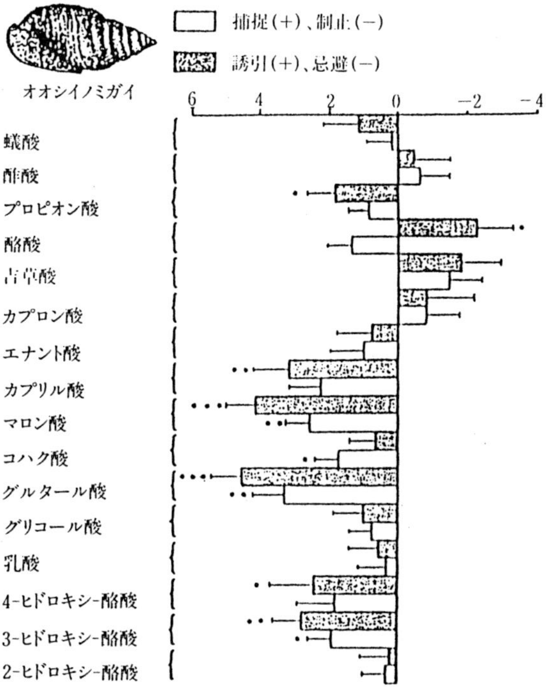

図 11·3 オオシイノミガイに対する有機酸の摂餌刺激効果 (活性；誘引・捕捉，阻害；忌避・制止)[30]

果を示している（図 11·3）．この他，摂餌阻害物質については糖・脂質代謝産物の他に，植物由来のフェノール系化学物が多数見られる．

2·4 その他の水産動物 棘皮動物，扁形動物，腔腸動物と原生動物について僅かの研究がみられる．棘皮動物に対して調べた有機酸（10^{-3} M，10^{-7} M あるいは 1 %）すべてが誘引，あるいは促進効果を示し，その共通の有機酸は乳酸であることがわかる[31~33]．腔腸動物のイソギンチャクの一種（*Stichodactyla haddoni, Gyrostoma hertwigi*）に対してヒアルロン酸（1 %）は促進効果を示している[15]．これらと対照的な阻害効果は扁形動物のナミウズムシ（*Dugesia dorotocephala*）と原生動物の渦鞭毛虫の一種（*Crypthecodinium cohnii*）に対してそれぞれケトグルタール酸（10^{-4}～10^{-3} M）[34]とクエン酸ナトリウム（10^{-5}～10^{-2} M）[16]に認められている．

糖質並びに有機酸の摂餌刺激効果を，特に後者では糖質代謝産物と脂質代謝産とに焦点をあてて，とりまとめてきた．糖質の摂餌刺激効果は，水産動物に対して正の摂餌行動に関与する場合が大部分であると考えられる．このようなことから，特に甘味性の強い配糖体についても今後調べる必要がある．植物由来の配糖体が一部の試験動物に対して，正に摂餌行動に有効であったからである．

有機酸の摂餌刺激効果については，糖質の場合と様相が異なっていた．すなわち，有機酸では，摂餌に対して正と負の行動がみられるからである．糖質代謝産物の有機酸の中では乳酸とリンゴ酸が，脂質代謝産物ではプロピオン酸が，正の行動に関与する場合が多い．一方，負の行動に関与する糖・脂質代謝産物の有機酸は種類によって一定でなく，共通の化合物が見当たらない．これとは別に植物由来のフェノール系化合物ではすべて負の摂餌行動に関与していると推定される．

文　献

1) E. C. Otter: The Modern Angler, L. Upcott Gill, 1898, pp. 1–196.
2) 日本果汁協会編：果汁・果実飲料事典，朝倉書店，1978，pp. 1–523.
3) W. E. S. Carr: *Biol. Bull.*, **132**, 90–105 (1967).
4) W. E. S. Carr: *Biol, Bull.*, **132**, 106–127 (1967).

5) J. C. Jager : *Nether, J. Zool.*, **21**, 1–59 (1971).
6) 原田勝彦：杉山産業化学研究所年報（平成2年), 69–191 (1990).
7) H. D. Hoese and D. Hoese : *Tulane Studies Zool*, **14**, 55–62 (1967).
8) J. P. R. Hindley : *Mar. Behav. Physiol.*, **3**, 193–210 (1975).
9) H. B. Hartman and M. S. Hartman : *Comp. Biochem. Physiol.*, **56A**, 19–22 (1977).
10) M. J. Weissburg and R. K. Zimmer-Faust : *Biol. Bull.*, **181**, 205–215 (1991).
11) G. Kemenes, C. J. H. Elliott, and P. R. Benjamin : *J. Exp. Biol.*, **122**, 113–137 (1986).
12) J. D. Thomas : *Comp. Biochem. Physiol.*, **83A**, 457–460 (1986).
13) J. D. Thomas, P. R. Sterry, H. Jones, M. Gubala, and B. M. Grealy : *Comp. Biochem. Physial.*, **83A**, 461–475 (1986).
14) T. S. Klinger and J. M. Lawrence : *Mar. Behav. Physiol.*, **11**, 49–67 (1984).
15) R. Lubbock : *J. Exp. Biol.*, **83**, 283–292 (1979).
16) D. C. R. Hauser and M. Levandowsky : *Microbial Ecol.*, **1**, 246–254 (1975).
17) E. R. Janowitz : Presented Conv. Natl. Shellfish. Assoc. (1956) ; cited from J. W. Blake : *Limnol. Oceanogr.* **5**, 273–280 (1960).
18) K. Ohta, H. Matsumoto, and T. Nawamaki : *Agric. Biol. Chem.*, **42**, 1491–1493 (1978).
19) K. Harada, Y. Abe, and T. Sugiyama : *Nippon Suisan Gakkaishi*, **54**, 2135–2138 (1988).
20) J. Kohbara, I. Hidaka, T. Morishita, and T. Miyajima : *Nippon Suisan Gakkaishi.*, **59**, 183 (1993).
21) M. A. Adams, P. B. Johnsen, and Z. Hong-Qi : *Aquacult.*, **72**, 95–107 (1988).
22) J. E. Thompson, R. P. Walker, S. J. Wratten, and D. J. Faulkner : *Tetrahedron*, **38**, 1865–1873 (1982).
23) J. A. Rideout, N. B. Smith, and M. D. Suthreland : *Experimentia*, **35**, 1273–1274 (1979).
24) S. Gwiazda, A. Noguchi, S. Kitamura, and K. Saio : *Agric. Biol. Chem.*, **47**, 623–625 (1983).
25) K. J. Paul, N. Lindquist, and W. Fenical : *Mar. Ecol. Prog. Ser.*, **59**, 109–118 (1990).
26) V. J. Paul, S. G. Nelson, and H. R. Sanger : *Mar. Ecol. Prog. Ser.*, **60**, 23–34 (1990).
27) 竹井 誠・藍 尚禮：東海区水研報, **No. 68**, 61–69 (1971).
28) R. K. Zimmer-Faust, J. E. Tyre, W. C. Michel, and J. F. Case : *Biol. Bull.*, **167**, 339–353 (1984).
29) C. D. Derby, P. M. Reilly, and J. Atema : *J. Chem. Ecol.*, **10**, 879–892 (1984).
30) D. Thomas, G. T. Ndifon, and F. M. A. Ukoli : *Comp. Biochem. Physiol.*, **82C**, 91–107 (1985).
31) T. Valentinčič : *Chemical Senses*, **16**, 251–266 (1991).
32) O. Zafiriou : *Mar. Biol.*, **17**, 100–107 (1972).
33) T. Valentinčič : *J. Comp. Physiol.*, **157A**, 537–545 (1985).
34) S. J. Coward and R. E. Johannus : *Comp. Biochem. Physiol.*, **29**, 475–478 (1969).

Ⅲ. 飼餌料への応用

12. 漁業用餌料

谷 黒 英 雄*

漁業用としての餌は，その大部分がエビ類を始めとしイカ，サバ，アジ，イワシ，サンマ，コノシロ，オキアミといった天然餌[1~4]に頼っているが，近年それも一部では徐々に入手困難となってきている．そのため，安定且つ安価に入手可能な，そして強力に摂餌を刺激するような人工餌への代替要望も増えてきている．過去，各方面の漁業従事者によって様々の人工代替餌[5]が研究されてきたが，今まで実用化に至ったものは数少ない．これらの研究開発実験とは別に，魚の摂餌感覚に対する研究も進み，数多くの研究報告[6~7]もなされている．それらの研究成果の一部は，レジャーフィッシングの撒き餌や人工餌に，また養殖漁業の飼餌料などの摂餌刺激向上に取り入れられているが，一本釣り・かご・延縄に用いられている天然餌主体の漁業にはあまり生かされていない．天然餌の代替人工餌が求められているのもこれら天然餌主体の漁業分野であり，その中でも天然餌の需要が最も多いマグロ延縄に目を向けてみた．

過去のマグロ延縄用人工餌の研究としては小山ら[8]の報告がある．これはポリビニルアルコールにサンマのすり身を重量比で10%混合したものとイカ肝油を重量比で約1%混合したものの2種類についてサンマ餌料との漁獲比較を行っており，マグロ類に対してはサンマ餌料と大差ないことが確認されている．また原田ら[9]の報告では，魚油を注入した場合と注入しない場合の擬似餌およびキハダのすり肉を小麦粉と混合造形した餌料に対しての漁獲効果について，マグロ類とカジキ類の対象魚種について，海域を問わず天然サンマに比べておよそ1/3以下と劣っているとしている．

今までの知見や研究成果に基づいて生餌代替の漁業用人工餌の開発を試みた

* ニチモウ株式会社研究開発部下関研究所

のが，今回紹介するマグロ延縄での実験例である．人工餌の試作にあたっては，魚が食べることのできる餌であって自然分解性に優れた素材であることを基本とした．漁獲成績重視の実操業における実験のためいろいろな制約があり，一度に多項目の比較実験ができなかった．この点は，今後実験回数を重ねながら補う予定なので，今回の紹介内容は，ほんの走り的なものとなった．

§1. 実験方法

1･1 試 料 人工餌の成形には，摂餌した魚への二次公害を考慮して食品素材としてのゲル化剤を基材として用いた．その中に誘引あるいは促進効果を示す摂餌刺激物質としてフィッシュミール，魚介類エキスおよびアミノ酸・核酸を添加した（表 12･1 と 12･2）．今回の海上

表 12･1 人工餌の組成（本実験）

原 料	組 成（%）
食品ゲル化剤*1	3.5
ミール混合物*2	15.0
魚介エキス*3	2.0
アミノ酸・核酸混合物*4	1.0
水	78.5
合 計	100.0

*1マンナン；*2フィッシュミール・オキアミミール（2：1）；*3オキアミエキス；*4Gly, Ala, Bet, IMP（4：3：2：1）．

表 12･2 原料中のアミノ酸含量

成 分	フィッシュミール（%）	オキアミミール（%）	魚介エキス（%）
粗タンパク質	66.5	63.1	11.88*1
水 分	7.3	7.8	
粗 脂 肪	9.2	10.9	
粗 灰 分	16.2	13.1	
アミノ酸			
Arg	3.95*2	3.90*2	0.01以下*3
Gly	4.62*2	2.84*2	0.41*3
His	1.68*2	1.53*2	0.11*3
Ile	2.88*2	3.00*2	0.56*3
Leu	4.89*2	4.83*2	0.76*3
Lys	5.21*2	5.11*2	0.83*3
Met	1.97*2	1.78*2	0.26*3
Cys	0.55*2	0.74*2	0.05以下*3
Phe	2.65*2	2.90*2	0.33*3
Tyr	2.14*2	3.11*2	0.07*3
Thr	2.82*2	2.65*2	0.31*3
Trp	0.70*2	0.79*2	0.09*3
Val	3.42*2	3.12*2	0.54*3
Ser	2.72*2	2.56*2	0.01以下*3

*1 換算係数6.25（総窒素量1.90%）；*2 タンパク質中のアミノ酸組成；*3 遊離アミノ酸

実験では，先ず人工餌でマグロ類が漁獲されるかどうかの確認が必要であると判断された．そのため各種摂餌刺激物質を全部混合した場合の最良の条件での漁獲確認実験とし，試作した人工餌の種類も1種類に絞った．したがって摂餌刺激物質の内容別による漁獲効果については，今回検討しなかった．試料の作製は，加熱溶解した食品ゲル化剤に摂餌刺激物質を加えて攪拌した後，容器に流し込んで魚形に成形して行った（図12･1）．このようにして作成した人工餌は，適度の弾力性があり，魚にとって摂餌しやすいと考えられる．また官能検査により明らかに摂餌刺激物質（ミール・エキス）の匂いも十分に拡散しており，海水に漬けても1日以上，その匂いが残存していた．人工餌は常温で放置すると2～3日で腐敗臭が感じられたので，ビニル袋に詰めて冷凍保存とし，実験船へのもち込みもすべて冷凍品扱いにて実験直前に解凍した．延縄に人工餌を取り付ける時は，半解凍もしくは解凍状態にして針に刺した．針への刺し方は，実験を依頼した3実験船（A，BとC）が用いている生餌の場合と同様の取扱いとし一任した．

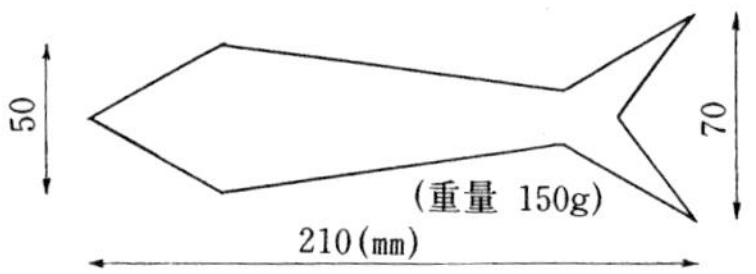

図 12･1　人工餌の模式図

1･2　漁具および餌の取付け構成

実験船A：漁具の規模は，180鉢（12針／鉢）であり，その概略図を図12･2に示した．生餌はサバを用いた．漁具への人工餌の取り付け方法は，漁具全体を10鉢づつ18組に区切り，各組の最

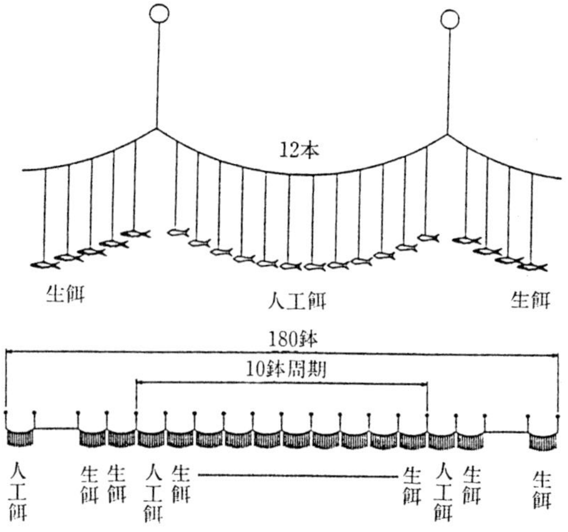

図 12･2　実験船Aの餌の取り付け構成

初の1鉢にだけ人工餌を取り付けた．1鉢の中の人工餌の数は，12本の針全部に取り付けたので，漁具全体として216尾（12針×18鉢）となった．サバの数は1,944尾（12針×9鉢×18組）であった．

実験船B：漁具の規模は，170鉢（13針／鉢）であり，その概略図を図12·3に示した．生餌は，コノシロを用いた．漁具への人工餌の取り付け方法は，漁具全体にわたって1鉢単位で人工餌と生餌とを交互に取り付けた．1鉢の中の人工餌の数は，13本の針全部に取り付けたので，漁具全体として1,105尾（13針×85鉢）となった．コノシロの数も，同数の1,105尾（13針×85鉢）であった．

実験船C：漁具の規模は，175鉢（13針×鉢）であり，その概略図を図12·4に示した．生餌はサバを用いた．漁具への

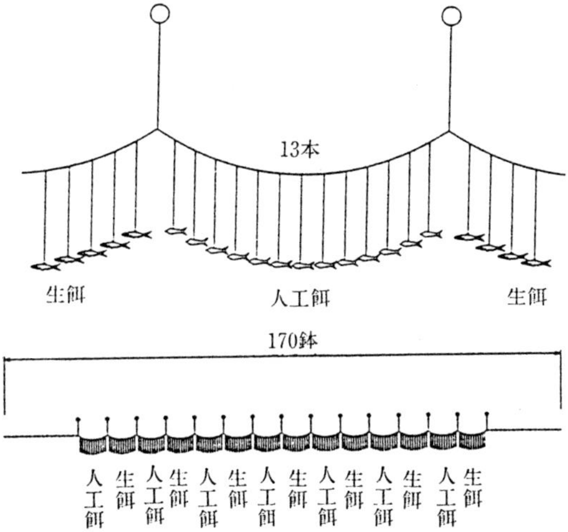

図 12·3 実験船Bの餌の取り付け構成

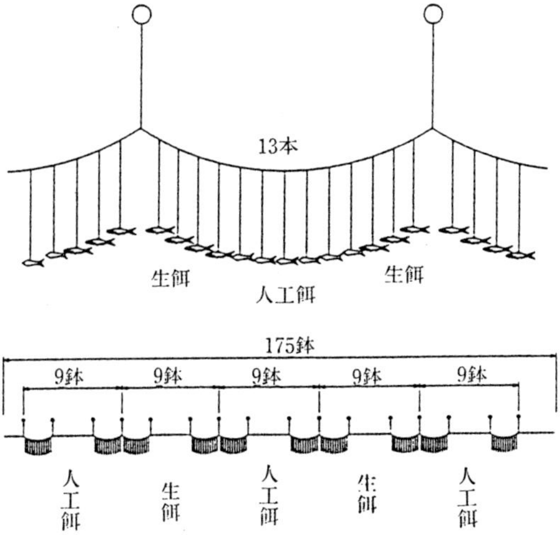

図 12·4 実験船Bの漁獲率（実験2回の総計）

人工餌の取り付け方法は，1鉢の中に人工餌と生餌とを混在させた．13針のうち最初の4針に生餌を，次の6針に人工餌を，残り3針に生餌を取り付けて1鉢を構成した．このように構成した1鉢を9鉢続けて投縄した後，次の9鉢は生餌のみの鉢を投縄，再び1鉢に人工餌と生餌の混在した鉢を9鉢続けるというように，9鉢単位で人工餌付きの鉢と生餌のみの鉢とを交互に繰り返し投縄することによって漁具全体を構成した．人工餌の数は漁具全体として486尾（6針×81鉢）となった．生餌の数は，残り1789尾（7針×81鉢＋13針×94鉢）であった．

§2. 結　果

実験船A，BとCは，どれもメバチが漁獲の主目的魚種であった．実験海域

表 12·3　実験船Aの漁獲率（実験4回の総計）

魚種	人工餌 尾数／餌数	人工餌 漁獲率(%)	生餌* 尾数／餌数	生餌* 漁獲率(%)	人工餌／生餌* 漁獲比
メバチ	5／864	0.58	35／7776	0.45	1.29
キハダ	0／864	0	65／7776	0.84	0
ビンナガ	0／864	0	20／7776	0.26	0
カジキ類	1／864	0.12	111／7776	1.43	0.08

* サバ

表 12·4　実験船Cの餌の取り付け構成

魚種	人工餌 尾数／餌数	人工餌 漁獲率(%)	生餌* 尾数／餌数	生餌* 漁獲率(%)	人工餌／生餌* 漁獲比
メバチ	10／2210	0.45	33／2210	1.49	0.30
キハダ	0／2210	0	2／2210	0.09	0
ビンナガ	0／2210	0	2／2210	0.09	0
カジキ類	3／2210	0.14	15／2210	0.68	0.21

* コノシロ

表 12·5　実験船Cの漁獲率（実験2回の総計）

魚種	人工餌 尾数／餌数	人工餌 漁獲率(%)	生餌* 尾数／餌数	生餌* 漁獲率(%)	人工餌／生餌* 漁獲比
メバチ	5／1000	0.50	24／3550	0.68	0.74
キハダ	0／1000	0	15／3550	0.42	0
ビンナガ	1／1000	0.10	3／3550	0.08	1.25
カジキ類	0／1000	0	3／3550	0.08	0

* サバ・コノシロ

は，3実験船ともハワイ西部沖であったが，実験の時期は，それぞれ異なっている．つまり実験船A，BとCの実験時期は，それぞれAが平成5年1月，Bが平成5年5月と平成5年10月であった．サメやサワラを始めとした各種の雑魚も一緒に漁獲されたが，漁獲効果の評価は，メバチ，キハダ，ビンナガとカジキ類についての漁獲量で行った．漁獲率は実験操業中に用いた人工餌および生餌別の総合計餌数を求め，それぞれの餌に漁獲された魚種毎の総合計漁獲数を合計餌数に対する割合として求めた．実験船A，BとCの結果をそれぞれ表12･3，12･4と12･5に示した．実験Aの実験（表12･3）では，メバチ0.58%（生餌に対して1.29倍），カジキ類0.12%（生餌に対して0.08倍）の漁獲率であった．キハダおよびビンナガは，漁獲率0%であった．次に実験船Bの実験（表12･4）では，メバチ0.45%（生餌に対して0.30倍），カジキ類（生餌に対して0.14倍）の漁獲率を示したが，実験船Aの場合と同様にキハダおよびビンナガの漁獲率は0%であった．最後に実験船Cの実験（表12･5）では，メバチ0.5%，ビンナガ0.1%の漁獲率であった．この時はキハダおよびビンナガの漁獲率が0%であった．以上のように実験船A，BとCの実験においてキハダは，共通して漁獲率0%であった．各実験船の人工餌に対する所見を表12･6にまとめた．3実験船の結果より，人工餌の針への刺し方による相違から，針

表 12･6　実験船A・BとCの所見（本実験）

実験船	人工餌への所見
A	(1)針持ち強度が少し弱かった (2)針に取り付ける時，あるいは投縄する時に千切れた (3)官能的に臭いの持続性は，十分であった (4)漁獲効果は，生餌にほぼ匹敵した
B	(1)凍結状態及び半解凍状態の時，尻尾付け根が損傷しやすかった．ただし，解凍状態では問題なかった (2)針持ち強度が弱く，餌付けや投縄の時慎重に取り扱わないと千切れやすかった (3)揚げ縄の時，針に付いてくる人工餌が少なかった．たまたま付いて揚がってきても，枝縄を手繰るとき脱落しやすかった (4)人工餌としての大きさは，丁度よかった (5)メバチやサワラの胃に人工餌が入っているのが確認された
C	(1)人工餌の取り付け方法は，横腹を突き抜けるように刺したので餌の脱落があまりなかった (2)人工餌も生餌と同じように，体側面が光反射して，もっときらきらしたほうがよいと推定された

持ち強度が弱いという指摘があった．このことから，実験中に針から脱落した人工餌もかなりあることが推測された．一方，実験船Bでは，メバチの胃の中に人工餌が摂餌されていることが確認されており，人工餌が生餌と同様に摂餌されていることが注目に値する．

§3. 考　察

今回の操業実験に先立ち，平成4年6月に実験船Aで，摂餌刺激物質としてミール類と魚介エキスだけを添加した人工餌（表12･7）で予備実験を行った．前述の実験船Aの場合と全く同じ方法で4回の操業実験をしたが，メバチの漁獲はなくビンナガ1尾0.1％（サバに対して，1/10）の漁獲率であった（表12･8）．人工餌でメバチが漁獲されなかったので，摂餌刺激物質の内容別による漁獲効果を確認をする前に人工餌でもメバチが漁獲されることの確認が先決と考え，マグロ類に対する摂餌刺激を増大し，漁獲効果確認を行うこととした．魚類に対する摂餌刺激物質としてのアミノ酸・核酸類に関する研究報告[10]がなされており，同時にそれらの相乗効果についての報告もなされている．そこでマグロ類が好む餌[9]のマサバ，スルメイカおよびサンマなどに含まれる遊離アミノ酸で特に含量の多いものからGly，Alaを選び，これにBetと核酸のIMPを加え，それぞれの配合比率を4：3：2：1の組成にてアミノ酸・

表12･7　人工餌の組成（予備実験）

原　料	組　成（％）
食品ゲル化剤*1	3.5
ミール混合物*2	5.0
魚介エキス*3	2.0
水	89.5
合　計	100.0

*1 マンナン；*2 フィッシュミール・オキアミミール（2：1)；*3 オキアミエキス

表12･8　実験船Aの予備実験の漁獲率（実験2回の総計）

魚　種	人工餌 尾数／餌数	人工餌 漁獲率(％)	生餌* 尾数／餌数	生餌* 漁獲率(％)	人工餌／生餌* 漁獲比
メバチ	0／864	0	24／7776	0.31	0
キハダ	0／864	0	8／7776	0.10	0
ビンナガ	1／864	0.12	46／7776	0.59	0.20
カジキ類	0／864	0	45／7776	0.58	0

* サバ

核酸混合物を得た．今回の操業実験では，人工餌でメバチを漁獲することを最優先としたので，ミール類の増量の他にアミノ酸・核酸混合物の追加による摂餌刺激の増強を図り，種類も1種類に絞って実験した．その結果，各実験船に共通して摂餌刺激を増大させた人工餌に対するメバチの漁獲効果が認められ，その漁獲率は0.45～0.58％であり，生餌のそれと比べて同等～1/3の漁獲効果であった．またカジキ類に対しても約0.1％程度の漁獲率とやや低いものの生餌に比べ1/5～1/10の漁獲効果が認められた．しかしキハダやビンナガに対しては効果がないか，あっても極めて僅少と判断された．これらの漁獲効果は，メバチ，キハダ，ビンナガ，カジキ類をまとめてマグロ類としたとき天然餌の1/2～1/4の漁獲であり，まだまだ摂餌料に比べ劣っている．原田ら[9]のキハダのすり肉を小麦粉と混合造形した人工餌と同様の漁獲効果ではあったが，小山らのサンマすり身をポリビニルアルコールに混合造形した人工餌に比べれば更に改良が要求される段階である．

1鉢の中のどの位置の針の人工餌にメバチの漁獲率が高かったかについての差は認められなかった．というのは，枝縄の位置にかかわらず均等な漁獲率が認められたからである．人工餌でメバチが漁獲されたことは，将来，生餌代替としての人工餌使用の可能性を示唆している．今後，人工餌の針もち強度を更に向上させる必要があるので（表12･6参照），物性改良の検討を行う一方，摂餌刺激物質の中でどの物質がマグロ類に対して有効であるかを，更に実験を重ねなければならない．

文　献

1) 大島泰雄・宮崎千博：西日本海域における一本釣り漁業（九州・山口ブロック水試漁業分科会編），恒星社厚生閣，1972，pp. 1-250.

2) 小長谷輝夫：南方カツオ漁業—その資源と技術（日本水産学会編），恒星社厚生閣，1975，pp. 46-62.

3) 竹内正一：かご漁業（日本水産学会編）．恒星社厚生閣，1981，pp. 22-36.

4) 平山信夫：マグロ—その生産から消費まで—（東京水産大学第7回公開講座編集委員会編）．成山堂書店，1984，pp. 85-117.

5) 竹田正彦：魚類の化学感覚と摂餌促進物質（日本水産学会編）．恒星社厚生閣，1981，pp. 109-119.

6) 伊奈和夫：生物の制御機構（中島　稔・後藤俊夫・高橋信孝編）．化学同人，1978，pp. 167-183.

7) 原田勝彦：生態化学，**9**，35-44（1989）．

8) 小山武夫・猿谷　倫・御園昌邦・井上大成・芝田孝人：東海水研報，**67**，89-97（1971）．

9) 原田昌幸・小長谷輝夫：静岡水試研報，**4**，1-18（1971）．

10) 日本水産学会編：魚類の化学感覚と摂餌促進物質．恒星社厚生閣，1981，pp. 1-128.

13. 養魚用飼料

松 下 哲 久*

養魚飼料にとって摂餌刺激物質に期待するものは，第一に嗜好性の改善であり，第二に魚粉を植物性タンパク質源に代替したときに，摂餌量および飼料効率を向上させ，成長が早まることにより経済性が高まることである．最近の研究では，同定された摂餌促進物質をフレーバーとして飼料へ添加すると，摂餌量だけでなく，飼料効率を向上させ，消化吸収および代謝をも活性化させることが明らかにされている[1~4]．ここでは主要養殖魚種について，市販配合飼料にみられる，いわゆる摂餌促進物質（天然素材をも含む）を入手できた表示票から列挙し，H社での試験例および実際例を紹介する．

§1. 初期飼料

1･1 種苗生産用初期飼料 種苗生産にはシオミズツボワムシ(*Brachionus plicatlis*)，アルテミア（*Altemia salina*）などの動物プランクトンが不可欠であるが，その生産には多大の設備と労力を必要とし，しかも，気象条件に左右される．種苗生産を進めるに当たって，動物プランクトンに代わる初期飼料の開発が強く望まれている．初期飼料に使用されている原材料を表13･1に示した．エビ類，貝類，イカ類と魚類のエキスおよびそれらの乾燥粉末を始めとして，酵母類，油脂類，飼料添加物（アミノ酸）など，いわゆる摂餌を促進させ

表 13･1 初期飼料に使用されている原材料*

動物性飼料	魚粉，オキアミミール，エビミール，イカミール，貝ミール，カゼイン，ゼラチン，脱脂粉乳，卵黄粉末，全卵粉末，卵白粉末
飼料添加物	Ala, Glu･Na, Gly, Lys, Met, Trp
そ の 他	イカソリュブル，イカ肝臓エキス，アサリエキス，オキアミエキス，酵母エキス，ビール酵母，乳酸菌，酪酸菌，糖化菌，ガーリック，甘草末，Bet, Pro, Tau, IMP, 肝臓粉末，胆汁末，動物性油脂，レシチン，食塩，砂糖

* 市販配合飼料の飼料安全法表示例に基づく

* 林兼産業株式会社

ると考えられる原料が多く使われている．しかし，現在のところ，動物プランクトンから完全に代替できる飼料は開発されていないのが現状である．

筆者らはふ化後60日（魚体重，約100mg/尾）のオニオコゼ（*Inimicus japonicus*）を用いて，32日間，H社市販初期飼料（商品名，ラブ・ラァバ）と生物餌料（アルテミア）およびそれらを併用とした場合との比較をするなかで，生残率と成長倍率を調べた結果を表13·2に示した．生残率については，ラブ・ラァバおよびそれとアルテミアを併用した場合に低かったが，アルテミアでは極めて高かった．一方，成長倍率は前者で高かったが，後者で極めて低く，全く対照的であった．しかしながらラブ・ラァバにおいては，餌付け初期2週間は，餌付かない個体が認められた．したがって，ラブ・ラァバに摂餌促進物質を添加することによって，上述の餌付け期間の短縮および摂餌を改善できると考えられ，引いては生残率を高めることになろう．この摂餌促進物質の一例として，シオミズツボワムシエキスがあげられる．というのはこのエキスを飼育水に入れたところ，そのエキス層近辺にすべてのマダイふ化仔魚が定位したというからである[5)]．

表 13·2 オニオコゼに対する初期飼料と生物餌料を給餌した時の生残率と成長倍率

飼 餌 料		初期飼料*1		生物餌料*2		併 用*3	
魚体重	開始時 (mg)	91	97	102	98	97	101
	終了時 (mg)	380	335	89	96	327	307
給餌量*4	初期飼料 (g)	64	64	0	0	32	32
	生物餌料 (10^4個)	0	0	400	400	100	100
生残率 (%)		30	36	77	90	22	25
成長倍率 (%)		418	345	87	98	337	304

*1 ラブ・ラァバ（商品名，H社）； *2 アルテミア（*Altemia salina*）
*3 初期飼料と生物餌料； *4 32日間の給餌量

1·2 ブリ稚魚餌付け用飼料 ブリ養殖に用いられる種苗は，依然として，その大部分を天然種苗に頼っているのが現状である．この種苗をいかに歩留りよく餌付けするかが重要である．ブリ稚魚は配合飼料に対する嗜好性が低いとされてきたが，ブリ稚魚餌付け用として1987年に市販されて以来，広く使用されている．ここでは，当社市販ブリ稚魚餌付け飼料を使用しての実際例を紹介したい[6)]．餌付け初日から10日までの魚体重別飼育成績を表13·3に示した．これまで餌付けが難しいとされてきた0.5gのブリ稚魚でも，99%以上の生残率を示しており，飼料効率も約86～106％と給餌した飼料量に相当する増重量となった．餌付け初期の摂餌状態を図13·1に模式的に示したように，活発に摂餌する様子が明らかである．

表 13·3　ブリ稚魚餌付け用飼料*による飼育成績表

	飼育期間（日）	平均体重（g）	飼料効果（％）	生残率（％）
小　　　群（0.5g）	1→ 6	0.5→ 1.5	106.0	99.1
	7→10	1.5→ 2.4	92.7	99.4
中　　　群（1.5g）	1→ 6	1.5→ 2.9	102.5	99.7
	7→10	2.9→ 3.9	85.9	99.9
大　　　群（3.0g）	1→ 6	3.0→ 4.7	87.6	99.8
	7→10	4.7→ 6.8	115.4	99.9
特　大　群（5.0g）	1→ 6	5.0→ 9.5	107.5	99.8
	7→10	9.5→13.5	123.0	99.6

* マリン1号（商品名，H社）

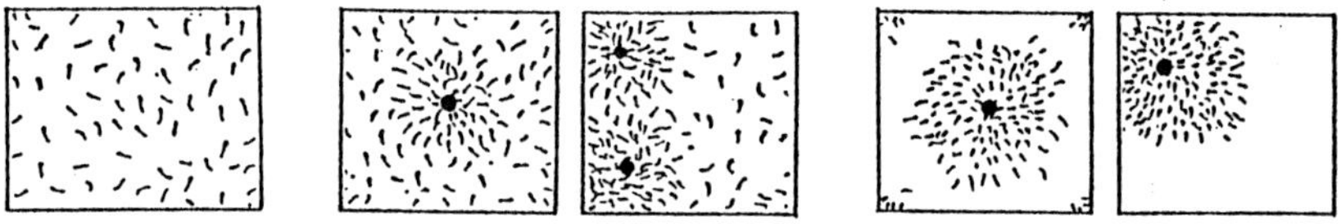

図 13·1　餌付け用飼料によるブリ稚魚の摂餌状況
*1 生簀全体に均等に分散している； *2 給餌直後から，浮上しているブリ稚魚は摂餌を始め，投餌した中心点（黒点）に集中するようになる； *3 投餌した中心点（黒点）に，殆どのブリ稚魚が集まり，餌付いた様子が伺える

1·3　ウナギ稚魚餌付け用混合飼料　ウナギ稚魚餌付け用としてイトミミズ（*Tubifex* sp.）が使用されていた時代から，現在では，ペースト状の餌付け用混合飼料が完全に定着している．使用されている原材料の表示には，生鮮魚介類，エビミール，オキアミミール，Bet，ガーリック，ブドウ糖，甘草末などがある．その他，摂餌促進物質についても添加されていると思われるが，混合飼料のため明らかではない．この餌付け用混合飼料とイトミミズを給餌していた時の違いをあげると，まず第一にイトミミズの管理作業がなくなり，1日2回の給餌作業でよくなったこと，第二に餌付け5日目からのパラコロ病（病原菌，*Edwardsiella tarda*）の発生が少なくなったこと，第三に配合飼料への切り替え時，絶食をしなくて済むようになったこと，第四に，配合飼料に

完全に切り替えるのに，7日から3日に短縮できること，第五番目に結果として，小群の発生割合が少なくなったことがあげられる．このように作業性並びに，嗜好性と摂餌性の大幅な改善がなされている．これらの内，第一から第四までの成果を表13·4に，第五の成果を13·5に示した．

表 13·4 ウナギ稚魚餌付け用給餌実際例

飼餌料 日数 飼育	餌付け	餌付け用混合飼料 初期用*1 (kg)	餌付け用混合飼料 稚魚用*2 (kg)	餌付け用混合飼料 作業手順	生物餌料(イトミミズ) イトミミズ*3 (kg)	生物餌料(イトミミズ) 稚魚用*2 (kg)	生物餌料(イトミミズ) 作業手順
1				ウナギ稚魚池入れ 13.25 kg 水温を徐々に上げ，29～30°C になったら，餌付け開始			ウナギ稚魚池入れ 23.86 kg 水温を徐ゝに上げ，29～30°C になったら，餌付け開始
2							
3							
4							
5							
6				餌付用とき汁を池全面に撒く			
7	1	2.0		(以降，2回／日給餌)	1.9		(数時間毎に給餌)
	2	4.3			4.2		
	3	5.3			8.8		
	4	7.7			12.8		
	5	9.3			20.5*4		
	6	11.6			27.5		
	7	13.5			32.0		
	8	4.2	2.1	配合への切り替え (2 : 1)	40.5		
	9	2.1	2.1	(1 : 1)	6.8*5	1.5*5	配合への切り替え (以降，2回／日給餌) (5 : 1)
	10	1.7	3.4	(1 : 2)	17.4	3.5	(5 : 1)
	11		6.2	配合だけでの給餌	17.0	5.5	(3 : 1)
	12		3.4		8.0	4.0	(2 : 1)
	13		4.5		10.8	6.3	(2 : 1)
	14		4.6		8.5	8.5	(1 : 1)
	15		4.8		2.5	11.0	(1 : 4)
	16		6.0			13.0	配合だけでの給餌
	⋮		⋮			⋮	
	26		6.5*6			16.0	
	⋮					⋮	
	37					9.5*7	

*1 ウナギ稚魚餌付け用混合飼料（H社）；*2 ウナギ稚魚用練餌配合飼料（H社）；*3 *Tubifex* sp.；*4 パラコロ病発生；*5 半日絶食；*6 半日絶食，翌27日目体制；*7 半日絶食，翌38日目体制

表 13·5　ウナギ稚魚餌付け後のサイズ別割合

飼餌料	餌付け用混合飼料*1		生物飼料（イトミミズ）*2	
	重量割合（%）	尾数割合（%）	重量割合（%）	尾数割合（%）
大群	98.1	94.3	89.4	80.1
中群	1.1	2.8	6.0	7.8
小群	0.8	2.9	4.6	12.1
合計	100.0	100.0	100.0	100.0

*1 ウナギ稚魚，13.25kg を26日間給餌，初期用混合飼料（H社）の給餌量 61.7kg，稚魚用ねり餌配合飼料（H社）の給餌量 126.2kg，大群，中群，小群の平均体重はそれぞれ，2.15g，0.84g，0.53g；*2 ウナギ稚魚，23.86kg を37日間給餌，イトミミズ（*Tubifex* sp.）の給餌量 219.2kg，稚魚用ねり餌配合飼料（H社）の給餌量 378.3kg，大群，中群，小群の平均体重はそれぞれ，1.82g，1.08g，0.73g

§2. 育成飼料

2·1　ウナギ育成飼料　ウナギ用配合飼料に対しては，イガイ，ニホンアミミール，オキアミミールなどの乾燥粉末，アサリエキスの添加効果が明らかにされている[7]．この配合飼料には，ねり餌と浮上性 EP 飼料（浮餌）があり，後者は飼料効率はよいが成長速度が遅いため，生産者には普及していない．そこでH社の浮餌を対照区とし一方試験区として，対照区の魚粉部分を Gly 0.5％と Ala 0.3％に代替した飼料とオキアミミール５％に代替した飼料の２試験区で，魚体重 82g のウナギを用いて26日間給餌した結果，表 13·6 に示したように，オキアミミールを配合したものが日間給餌率，飼料効率とも優れていた．次に市販の水産動物エキス（サバ，アサリ，エビあるいはイカ）をH社の浮餌に２％添加して，その有効性を32日間調べた結果，どのエキスも対照区と

表 13·6　ウナギに対する Gly，Ala とオキアミミールの代替効果*1

飼餌料	対照区	試験区	
	浮餌*2	Gly＋Ala*3	オキアミ*4
魚体重 開始時（g）	82.0	82.0	82.0
魚体重 終了時（g）	97.6	93.9	104.6
総増重量（kg）	2.8	2.2	4.1
日間給餌率（%）	0.9	0.7	1.0
飼料効果（%）	74.5	75.5	94.8

*1 給餌日数26日間；*2 浮上性 EP 飼料（H社，魚粉量，70%）；*3 対照区の魚粉を代替（Gly 0.5%＋Ala 0.3%）；*4 対照区の魚粉を代替（オキアミミール５％）

同等かそれ以上の成績を示し，そのなかでもアサリは一番優れていた(表13・7).

表 13・7 ウナギに対する4種の水産動物エキスの添加効果*1

飼餌料	対照区	試験区			
	浮 餌*2	サ バ*3	アサリ*4	エ ビ*5	イ カ*6
魚体重 開始時 (g)	18.7	18.7	18.7	18.7	18.7
魚体重 終了時 (g)	32.1	32.9	34.2	33.6	32.2
総増重量 (kg)	2.9	3.0	3.3	3.2	2.9
日間給餌率 (%)	2.0	2.0	2.1	2.1	2.1
飼料効率 (%)	81.8	85.6	87.6	84.2	78.6

*1 給餌日数32日間； *2 浮上性 EP 飼料（H社）； *3 サバエキス（I社）； *4 アサリエキス（I社）； *5 エビエキス（I社）； *6 イカエキス（I社）

2・2 アユ育成飼料

アユ稚魚は，淡水産が12月頃，汽水産は2月から入手可能であり，4月末から商品サイズとして出荷される．アユ養殖においても，配合飼料に嗜好性と成長速度が要求される．アユは魚粉を主成分とした飼料でもよく摂餌するが，ここでは同一配合組成（魚粉，65%配合）でエクストルーダー製造ペレット（魚粉 EP）とエクストルーダー製造クランブル（魚粉 EPC），および上記の魚粉部分を20%オキアミミールに代替し，エクストルーダー製造ペレット飼料（オキアミ EP）との比較を，4.2gのアユを用いて42日間行った．その結果を表13・8に示した．当然のことながら魚粉 EP と EPC との飼料形態において，すべての成績差はなかったが，オキアミ EP では給餌率は魚粉 EP および魚粉 EPC より低かったものの，飼料効率がよく結果として高成長が得られており，養殖経営にとって少ない餌の量で早く成長するという利点を示している．

表 13・8 アユに対するオキアミミールの代替効果*1

飼料	魚粉 EP*2	魚粉 EPC*3	オキアミ EP*4
魚体重 開始時 (g)	4.2	4.2	4.2
魚体重 終了時 (g)	17.8	17.9	20.3
総増重量 (kg)	7.7	7.7	9.3
日間給餌率 (%)	3.6	3.5	3.1
飼料効果 (%)	82.0	84.0	100.0

*1 給餌日数42日間； *2 魚粉65%配合でエクストルーダー処理ペレット（ϕ1.2 mm）； *3 上記と同一配合でエクストルーダー処理クランブル（#1.05〜1.68mm）； *4 上記の魚粉部分を20%オキアミミールに代替したエクストルーダー処理ペレット（ϕ1.2mm）

2·3 マダイ育成飼料 マダイを始め海産魚は，植物性タンパク質を主体とした配合飼料に対する嗜好性が低く，その消化吸収も低いとされている．魚粉に代替できる植物性原料として大豆粕があげられるが，熱処理をすると，トリプシンインヒビター活性が低下し，消化性が向上するとされている[8~14)]．魚体重487gのマダイを供試魚として，魚粉15%，各熱処理大豆粕（無，ペレット，あるいはエクストルーダー）80%，その他を5%とし，水にエビエキスを3%添加し，ペレット状に成形した飼料で飼育試験を20日間行った結果が表13·9である．日間給餌率には差がないが，明らかに消化性の向上が認められ

表 13·9 マダイに対する熱処理大豆粕*1の効果*2

処理区	無処理	ペレット処理*3	EX処理*4
魚体重 開始時 (g)	485.0	490.0	487.0
魚体重 終了時 (g)	520.0	529.0	542.0
総増重量 (g)	316.0	469.0	655.0
日間給餌率 (%)	2.5	2.3	2.4
飼料効率 (%)	17.0	37.0	50.0

*1 組成：Met, Lys でアミノ酸補正した大豆粕80%，魚粉15%，その他5%；
*2 給餌日数20日間； *3 ペレットミル処理； *4 エクストルーダー処理

た．表には示していないが，各飼料のトリプシン消化率とα化率を測定した結果は，無処理区ではそれぞれ13%，25%，ペレット処理区ではそれぞれ13%，30%，エクストーダー区ではそれぞれ25%，98%であった．

§3. 今後の課題

養殖における飼餌料は，イワシ資源に大きく依存して発展してきたが，養魚用配合飼料においても，その魚粉の占める割合は大である．イワシ資源の減少の中で，動物性タンパク質源を未利用水産動物，あるいは陸産タンパク質源に求め，摂餌および消化吸収を促進させるためのアミノ酸を含む合成フレーバーの開発と栄養学の知見から総合的にとらえて，養魚用配合飼料の開発をする必要がある．

文献

1) K Takii, S. Shimeno, M. Takeda, and S. Kamekawa: *Nippon Suisan Gakkaishi*, **52**, 1449–1454(1986).

2) K Takii, S. Shimeno, and M. Takeda: *Nippon Suisan Gakkaishi*, **52**, 2131–2134 (1986).

3) H. Kumai, I. Kimura, M. Nakamura, K. Takii, and H. Ishida: *Nippon Suisan Gakkaishi,* **55,** 1035–1043 (1989).
4) 池田　至：マアジの摂餌刺激物質に関する研究，学位論文，愛媛大学，1988，pp. 120–138.
5) 熊井英水：養殖，**28**，120–123 (1991).
6) 熊山忠和：養殖，**26**，56–59 (1989).
7) 竹井　誠：東海水研報，**57**，71–79(1966).
8) M. C. Nesheim and J. D. Garlich: *J. Nutr.* **88,** 187–192 (1966).
9) J. L. Mcnaughton and F. N. Reece: *Poultry Sci.,* **59,** 2300–3206 (1980).
10) I. R. Sibbald: *Poultry Sci.,* **59,** 2358–2360 (1980).
11) 示野貞夫・細川秀毅・山根玲子・益本俊郎・上野慎一：日水誌，**58**，1351–1359(1992).
12) 示野貞夫・細川秀毅・森江　整・竹田正彦・宇川正治：水産増殖，**40**，51–56(1992).
13) 示野貞夫・細川秀毅・久門道彦・益本俊郎・宇川正治：日水誌，**58**，1319–1325(1992).
14) 示野貞夫・美馬孝好・山本　修・東丸一仁：水産増殖，**41**，559–564 (1993).

水産学シリーズ〔101〕　定価はカバーに表示

魚介類の摂餌刺激物質
Chemical Stimulants for Feeding
Behavior of Fish and Shellfish

平成6年10月10日発行

編　者　原田勝彦
監　修　財団法人　日本水産学会
〒108　東京都港区港南 4-5-7
東京水産大学内

発行所　〒160 東京都新宿区三栄町8 Tel (3359) 7371(代) Fax (3359) 7375　株式会社　**恒星社厚生閣**

 興英文化社印刷・協栄製本

出版委員
会田勝美　岸野　洋久　木村　茂　木暮一啓
谷内　透　二村義八朗　藤井建夫　松田　皎
山口勝己　山澤　正勝

水産学シリーズ〔101〕
魚介類の摂餌刺激物質（オンデマンド版）

Digital Publishing

2016年10月20日発行

編　者　　原田勝彦
監　修　　公益社団法人日本水産学会
〒108-8477　東京都港区港南4-5-7
東京海洋大学内

発行所　　株式会社 恒星社厚生閣
〒160-0008　東京都新宿区三栄町8
TEL　03(3359)7371(代)　FAX　03(3359)7375

印刷・製本　　株式会社 デジタルパブリッシングサービス
URL　http://www.d-pub.co.jp/

ISBN978-4-7699-1495-2　　Printed in Japan